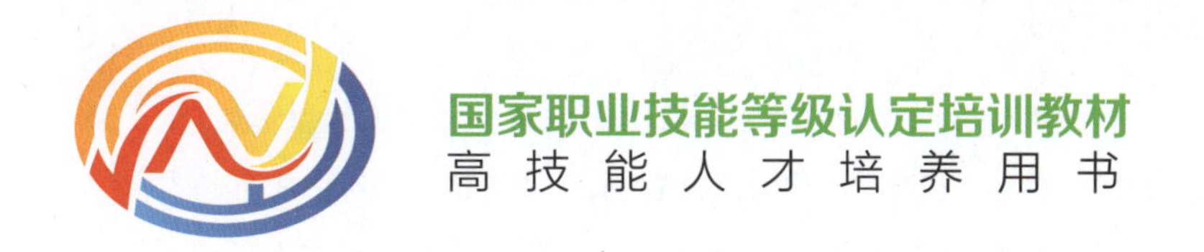

中式面点师

（初 级）

国家职业技能等级认定培训教材编审委员会 组编

王荣兰 王金志 主 编

贺芝芝 王爱红 陶 丽
杜月红 陈 霞 黄 炜 参 编
刘建兵 周国银 朱旭军

机械工业出版社
CHINA MACHINE PRESS

本书依据《国家职业技能标准　中式面点师（2018年版）》的要求，按照标准、教材、试题相衔接的原则编写。本书介绍了初级中式面点师应掌握的技能和相关知识，涉及水调面品种制作、膨松面品种制作、米制品制作、杂粮品种制作等内容，并配有模拟题、模拟试卷及答案。本书配套多媒体资源，可通过封底“天工讲堂”小程序获取。

本书理论知识与技能训练相结合，图文并茂，适用于职业技能等级认定培训、中短期职业技能培训，也可供中高职、技工院校相关专业师生参考。

图书在版编目（CIP）数据

中式面点师：初级 / 王荣兰，王金志主编. —北京：机械工业出版社，2022.1

（高技能人才培养用书）

国家职业技能等级认定培训教材

ISBN 978-7-111-68559-3

Ⅰ. ①中…　Ⅱ. ①王…②王…　Ⅲ. ①面食－制作－中国－职业技能－鉴定－教材　Ⅳ. ①TS972.116

中国版本图书馆CIP数据核字(2021)第124121号

机械工业出版社（北京市百万庄大街22号　邮政编码100037）

策划编辑：卢志林　范琳娜　责任编辑：卢志林　范琳娜

责任校对：孙丽萍　封面设计：刘术香等

责任印制：单爱军

北京尚唐印刷包装有限公司印刷

2022年3月第1版第1次印刷

184mm×260mm · 7印张 · 158千字

标准书号：ISBN 978-7-111-68559-3

定价：49.80元

电话服务　网络服务

客服电话：010-88361066　机 工 官 网：www.cmpbook.com

010-88379833　机 工 官 博：weibo.com/cmp1952

010-68326294　金 书 网：www.golden-book.com

封底无防伪标均为盗版　机工教育服务网：www.cmpedu.com

国家职业技能等级认定培训教材

编审委员会

序

新中国成立以来，技术工人队伍建设一直得到了党和政府的高度重视。20世纪五六十年代，我国借鉴苏联经验建立了技能人才的“八级工”制，培养了一大批身怀绝技的“大师”与“大工匠”。“八级工”不仅待遇高，而且深受社会尊重，成为那个时代的骄傲，吸引与带动了一批批青年技能人才锲而不舍地钻研技术、攀登高峰。

进入新时期，高技能人才发展上升为兴企强国的国家战略。从2003年全国第一次人才工作会议，明确提出高技能人才是国家人才队伍的重要组成部分，到2010年颁布实施《国家中长期人才发展规划纲要（2010—2020年）》，加快高技能人才队伍建设与发展成为举国的意志与战略之一。

习近平总书记强调，劳动者素质对一个国家、一个民族发展至关重要。技术工人队伍是支撑中国制造、中国创造的重要基础，对推动经济高质量发展具有重要作用。党的十八大以来，党中央、国务院健全技能人才培养、使用、评价、激励制度，大力发展技工教育，大规模开展职业技能培训，加快培养大批高素质劳动者和技术技能人才，使更多社会需要的技能人才、大国工匠不断涌现，推动形成了广大劳动者学习技能、报效国家的浓厚氛围。

2019年国务院办公厅印发了《职业技能提升行动方案（2019—2021年）》，目标任务是2019年至2021年，持续开展职业技能提升行动，提高培训针对性和实效性，全面提升劳动者职业技能水平和就业创业能力。三年共开展各类补贴性职业技能培训5000万人次以上，其中2019年培训1500万人次以上；经过努力，到2021年底技能劳动者占就业人员总量的比例达到25%以上，高技能人才占技能劳动者的比例达到30%以上。

目前，我国技术工人（技能劳动者）已超过2亿人，其中高技能人才超过5000万人。在全面建成小康社会、新兴战略产业不断发展的今天，建设高技能人才队伍的任务十分重要。

机械工业出版社一直致力于技能人才培训用书的出版，先后出版了一系列具有行业影响力，深受企业、读者欢迎的教材。欣闻配合新的《国家职业技能标准》又编写了“国家职业技能等级认定培训教材”。这套教材由全国各地技能培训和考评专家编写，具有权威性和代表性；将理论与技能有机结合，并紧紧围绕《国家职业技能标准》的知识要求和技能要求编写，实用性、针对性强，既有必备的理论知识和技能知识，又有考核鉴定的理论和技能题库及答案；而且这套教材根据需要为部分教材配备了二维码，扫描书中的二维码便可观看相应资源；

这套教材还配合天工讲堂开设了在线课程、在线题库，配套齐全，编排科学，便于培训和检测。

这套教材的出版非常及时，为培养技能型人才做了一件大好事，我相信这套教材一定会为我国培养更多更好的高素质技术技能型人才做出贡献！

中华全国总工会副主席

高凤林

前言

为了进一步贯彻《国务院关于大力推进职业教育改革与发展的决定》精神，推动中式面点师职业培训和职业技能等级认定的顺利开展，规范中式面点师的专业学习与等级认定考核要求，提高职业能力水平，在人力资源和社会保障部职业技能鉴定中心的大力支持下，针对职业技能等级认定所需掌握的相关专业技能，组织有一定经验的专家编写了中式面点师系列培训教材。

本书以国家职业技能等级认定考核要点为依据，全面体现“考什么编什么”，有助于参加培训的人员熟练掌握等级认定考核要求，对考证具有直接的指导作用。在编写中，根据本职业的工作特点，以能力培养为根本出发点，采用项目模块化的编写方式，以初级中式面点师需具备的 4 大技能——水调面品种制作、膨松面品种制作、米制品制作、杂粮品种制作来安排项目内容。内容细分为面坯调制、生坯成型、产品成熟等理论知识和技能训练，详细讲解不同面坯制品的制作工艺，引导学习者将理论知识更好地运用于实践中去，对于提高从业人员基本素质，掌握中式面点师的核心知识与技能有直接的帮助和指导作用。

本书由扬州大学王荣兰、江苏省江阴中等专业学校王金志主编，南京金陵高等职业技术学校贺芝芝、扬州旅游商贸学校王爱红、扬州市特殊教育学校陶丽、常州旅游商贸高等职业技术学校杜月红、扬州大学旅游烹饪学院·食品科学与工程学院陈霞、马鞍山职业技术学院黄炜、扬州供电公司广源实业投资有限公司刘建兵、湖南省商业技师学院周国银、江苏省江阴中等专业学校朱旭军参与编写。

本书经过近一年半时间的编写，期间得到了国家职业技能等级认定培训教材编审委员会、扬州大学、江苏省江阴中等专业学校、广东瀚文书业有限公司、山东瀚德圣文化发展有限公司等组织和单位的大力支持与协助，提出了许多十分中肯的宝贵意见，使本书在原来的基础上又增加了新知识，在此一并感谢！

由于编者水平有限，书中难免存在不妥之处，恳请广大读者提出宝贵意见和建议。

编　者

目录

项目 2 膨松面品种制作

项目 3 米制品制作

项目 4 杂粮品种制作

项目 1

水调面品种制作

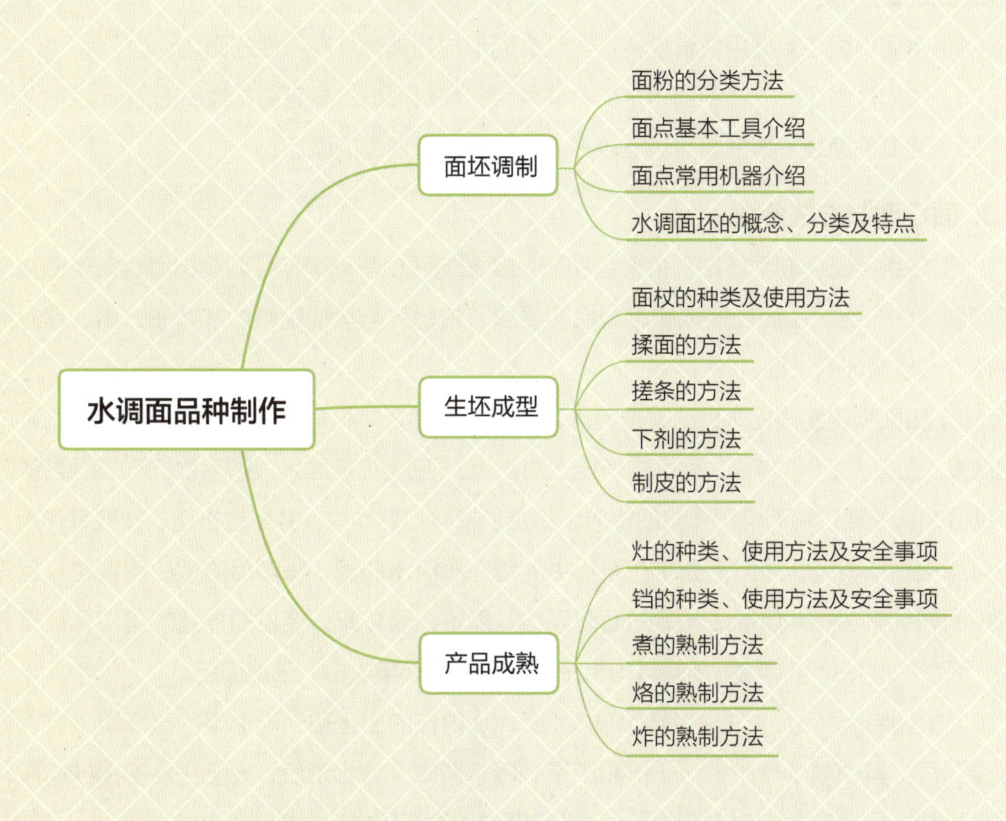

水调面品种制作
面坯调制
面粉的分类方法
面点基本工具介绍
面点常用机器介绍
水调面坯的概念、分类及特点
生坯成型
面杖的种类及使用方法
揉面的方法
搓条的方法
下剂的方法
制皮的方法
产品成熟
灶的种类、使用方法及安全事项
铛的种类、使用方法及安全事项
煮的熟制方法
烙的熟制方法
炸的熟制方法

1.1 面坯调制

面坯调制是指将主要原料与调辅料相结合，采用各种调制工艺使之适用于各式面点加工所需的面坯的过程。因面点品种要求不同，物料性质不同，不同面坯所需调制工艺也不相同，有的只需经一两次基本工艺操作就能完成，有的需三四次或更多次工艺操作才能完成。但调制面坯的基本操作，一般来说主要包括这几项：配料、和面、揉面、特殊技法等。面坯调制是面点制作中的一道重要环节，面坯调制的好坏，直接影响着整个面点的品质。面坯有面粉类面坯、米及米粉类面坯、杂粮类面坯、果蔬类面坯及其他类粉团面坯等。

1. 面坯的定义

面坯指用各种粮食的粉料或其他原料，借助适当的水、油、蛋、糖浆等介质，经过调制，使原辅料形成一个整体的坯料。

2. 面坯的分类

（1）**水调性面坯**　指用粮食粉料与水结合而形成的具有某种特性的面坯。

（2）**膨松性面坯**　在调制面坯中加入某种膨松物料形成的具有膨松性质的面坯。

（3）**油酥性面坯**　指主要原料与较多的油脂相结合形成的面坯。

3. 面坯调制方法分类

（1）**传统手工调制面坯法**　指通过和面、揉面这两项基础操作，调制出适合各类面点所需要的面坯的方法。和面是指依面点制品的要求，将粉料与其他辅料如水、油、蛋、糖等混合并使之形成面坯的过程。

（2）**和面机调制面坯**　目前普遍使用和面机调制面坯，机械和面大大减轻了面点厨师的劳动强度，提高了工作效率，是面点制作走上现代化、规模化、标准化、规范化生产的重要途径。

机械和面是通过和面机搅拌桨的旋转，将主、辅料搅拌均匀，并经过挤压、揉捏等作用，使粉粒互相黏结成坯。搅拌使分布在面粉中的蛋白质吸水胀润，胀润后的蛋白质颗粒互相连接形成面筋，多次搅拌后形成大量的面筋网络，即蛋白质骨架。经过搅拌器的剪切、揉挤等作用，面粉中的糖类和油脂等调辅料均匀分布在蛋白质骨架之中，形成面坯。

和面机调制面坯时，根据搅拌面坯的顺序，从内在的变化和外观形态的改变看，可以分为 5 个阶段。其中前 3 个阶段——拌和阶段、吸水阶段、结合阶段，属于正常的搅拌阶段；后两个阶段——过渡阶段和破坏阶段，则是和面过程中不正常的搅拌阶段。

1）拌和阶段。通过搅拌器的搅拌，使面粉、各种辅料和水混合。当面粉与水混合后，接触面会形成面筋膜，这些先形成的面筋膜，阻止水向其他没有接触到水的面粉浸透和接触，同时搅拌器会破坏面坯的面筋膜，扩大面粉与水的接触面，这就是拌和阶段。此时有一部分面粉已吸水，但是还没有形成面筋。

2）吸水阶段。在搅拌初期，由于蛋白质颗粒和淀粉颗粒吸水很少，面坯的黏度很小。随着搅拌的进行，蛋白质大量吸水膨胀，淀粉颗粒吸附水量增加，面坯的黏度也随之增强，面粉中淀粉和蛋白质完全湿透，此时面坯中的面筋开始形成，面坯中的水分已全部被均匀吸收，原辅料已形成一个整体。

3）结合阶段。随着不断搅拌，面坯逐渐吸足水分，水分大量渗透到蛋白质胶粒内部并结合到面筋的网状组织内，形成面筋网络，使面筋进一步扩展，此时面坯获得最佳的弹性和延伸性。当见到面坯具有光泽时，搅拌即完成。

4）过渡阶段。倘若再继续搅拌，面筋已超过了搅拌耐度开始断裂，面筋分子间的水分开始析出，表面就会出现游离水浸湿现象，使面坯又恢复到黏性状态。这个阶段称为搅拌过渡阶段，又称为危险期。

5）破坏阶段。再继续搅拌，这时候的面筋完全被破坏，面坯的物理特性丧失，从而影响面点制品的质量。

1.1.1 面粉的分类方法

面粉是指小麦经加工磨制而成的粉状物质，有如下分类方式。

1. 按面粉中蛋白质含量的高低分类

（1）高筋小麦粉　蛋白质含量≥ 12.2%，主要作为各类面包的原料和其他要求较强筋力的食品原料。

（2）中筋小麦粉　蛋白质含量在 10%~12.2%，主要用于各类馒头、面条、面饼、水饺、包子类制品，以及油炸类面制品。中筋小麦粉应用范围最广，如果没有特殊标注，一般的面粉都是中筋面粉。

（3）低筋小麦粉　蛋白质含量≤ 10%，主要作为蛋糕和饼干的原料。

2. 按小麦的加工精度分类

面粉按加工精度、粗细度、面筋质（以湿重计）、灰分、水分含量等，可分为特制粉、标准粉和普通粉。

（1）特制粉　特制粉包括特制一等粉、特制二等粉。它是一种加工精度较高的面粉，色泽洁白，颗粒细小，灰分少，细腻爽滑，具有优良的面筋质。面筋质（以湿重计）含量不低于 25%，水分含量不超过 14%。用特制粉调制的面坯色白、弹性大，韧性、延展性强，适宜制作大型宴会上的精细品种，如花色蒸饺、翡翠烧卖、小笼汤包、花色明酥、蚝油叉烧包等，

价格比较高。

（2）标准粉 加工精度比特制粉稍低，颜色稍黄，颗粒比特制粉粗，灰分多于特制粉，面筋质（以湿重计）含量不低于 24%，水分含量不超过 13.5%。用标准粉调制的面坯筋力低于特制粉，但营养比特制粉全面。标准粉适宜制作较多层次的面点，如烙饼、烧饼、花色暗酥、花卷等大众性面点品种，价格适中。

（3）普通粉 普通粉颜色比标准粉黄，颗粒较粗，灰分多于标准粉，面筋质（以湿重计）含量不低于 22%，水分不超过 13.5%。普通粉弹性小、韧性差、营养素全，比较适合制作大众化面点，如饼干、曲奇等，价格比较低廉。

3. 按用途分类

面粉按用途又可分为一般粉和专用粉。专用粉是针对不同的面点品种，在加工制粉时加入适量的化学添加剂或采用特殊的处理方法制成的具有专门用途的面粉，如面包粉、糕点粉、自发粉、水饺粉、面条粉等。

（1）面包粉 是用蛋白质含量高的硬麦加工制成。该粉调制的面坯筋力大，制出的面包体积大，松软且富有弹性。

（2）糕点粉 也称蛋糕粉，是将小麦经高压蒸汽加热 2 分钟后再制成的面粉。因小麦经高压加热，改变了蛋白质的特性，降低了面粉的筋力。糕点粉适合制作饼干、蛋糕、开花包子等制品。

（3）自发粉 是在面粉中按一定比例添加可以使面团膨松的物料（如小苏打、泡打粉、干酵母等）制成的面粉。用自发粉制面坯时要注意水及辅料的用量，以免影响膨发力。自发粉可直接用于制作馒头、包子等发酵制品。

（4）水饺粉 粉质洁白细腻，面筋质含量较高，加水和成面坯具有较好的耐压强度和良好的延展性，适合制作水饺、馄饨等。

（5）面条粉 蛋白质含量高、延伸性强。面条粉制作的面条，相比于普通小麦粉制作的面条有很多优点，如面条硬度高，减少糊汤；表皮光泽度好，减少毛边现象；透明度高；面条的膨润性更好；煮出来更爽滑、更筋道，有弹性，色泽好。

1.1.2 面点基本工具介绍

中式面点的发展离不开面点工具的发展与改良。面点工具是面点技术得以发展、品种多样化、提高生产效率的重要辅助条件，在中式面点的发展中有着重要的地位和作用。

1. 电子秤

（1）电子秤的种类 常用的电子秤有电子吊钩秤、电子桌秤、电子台秤等，其中电子桌秤的使用最为广泛。图 1-1 所示为电子台秤。

（2）电子秤的使用

1）使用电子秤前先阅读相关说明书，明确电子秤的各种信息，如最大承重、精确度、电源要求等。

2）避免放置于温度变化过大或空气流动剧烈的场所，如日光直晒处或出风口。

3）调整电子秤的脚，使电子秤平稳且水平仪内气泡居圆圈中间。

4）使用时，放置处需要水平、稳固，勿置于斜坡或震动不稳定之处。

5）电子秤使用前需先打开电源，此时不要马上进行称量，待电子秤屏幕出现“00.00”字样时，代表已经清屏归零，这时才能开始使用。

图1-1　电子台秤

6）每次使用前，要注意清屏归零，需要按“置零”或“归零”键，使电子秤屏幕出现“00.00”字样。

7）称重的物品不能超过电子秤的最大承重。放重物的时候要尽量放在电子秤的中间位置。放下重物的时候，不能用力过猛，以防损害传感器。

8）使用完毕后，关闭电子秤开关，拔出电源，然后清洁整理好。

（3）电子秤的日常养护

1）电子秤严禁淋雨或者用水冲洗，特别是电子秤的内部，严禁进水。若不慎沾水，则用干布擦拭干净。

2）电子秤勿置于高温、潮湿的环境中。

3）电子秤严禁撞击、超重称量，即使处于停止工作状态，秤台上也不得施加大于其最大承重的物品或压力。

4）当电子秤仪表上的欠电压指示灯亮时，需尽快充电或换电池。

5）电子秤若长期不用，须将机器擦拭干净，放入干燥剂，用塑料袋包好，有电池的应将电池取出，使用充电电池时，应每隔3个月充电1次，以确保使用寿命。充电不能超过10小时。

6）勿让昆虫进入机体内，以免造成损坏。

7）为确保电子秤的准确性，应至少1年校正1次。

8）校正可委托电子秤原供应商、实验室或政府检定单位实施。

2. 量杯

（1）量杯的选择　量杯主要用来量取液体，如水、油等，上面标有刻度，一般以毫升为计量单位。市面上的量杯通常有塑料、玻璃、不锈钢3种材质。

塑料量杯（见图1-2）价格低廉、轻便实用、刻度清晰，但易磨损，且有的塑料量杯不

耐高温，受热易变形，甚至会释放有害物质。玻璃量杯（见图 1-3）晶莹剔透、外形漂亮、刻度清晰，但存在不耐高温、易碎的问题。不锈钢量杯耐高温、耐磨损，但价格较高，另外因不透明，量取不如前两者方便，且自重有一定分量，使用起来也不如前两者轻便。

图 1-2　塑料量杯

图 1-3　玻璃量杯

（2）量杯的养护

1）使用量杯时要轻拿轻放，勿磕碰扔摔。

2）应把量杯放在平整的桌面上。

3）不能加热，也不能盛装太热的溶液以免炸裂。

4）量取液体时应在室温下进行。

5）使用完毕后，需及时清理，保持清洁干燥。

1.1.3　面点常用机器介绍

1. 和面机

（1）和面机的种类　和面机又称调粉机、拌料机，属于面食机械搅拌机的一种，主要用于和面、拌馅、搅打奶油等，一般分为卧式、立式两种。

立式和面机（见图 1-4）制作的面坯均匀度更好，适用范围更广；卧式和面机进出料方便、价格低、结构简单、维修方便。

图 1-4　立式和面机

（2）和面机的使用

1）和面机开启前检查机器是否处于水平状态，电器各部分是否绝缘良好，电动机接地是否可靠。如有问题需请电工处理。

2）立式和面机需选择搅拌头，一般立式和面机备有 3 种搅拌头：网状搅拌头用于搅拌蛋液或糖浆；片状搅拌头用于搅拌奶油或馅心；钩状搅拌头用于搅拌面坯。立式小型搅拌机一般用于搅打鲜奶油。卧式和面机结构简单，只有搅杆，适合和面和拌馅。

3）接通电源，加入称好的原料，盖好箱盖，先低速拌和，防止粉末和液体飞溅，然后再中高速拌和。

4）取面时必须先断开电源，待搅拌头停转后再取面，一次取不净可以用刀切割，分次取出。

5）机器使用完后应及时进行清洗，以免影响再次使用；卧式和面机清洗时，面桶内加水高度不应超过轴的最低点，以防止水从面桶侧板的轴孔溢出或流入侧板夹层中影响使用寿命。

（3）和面机使用的安全事项

1）和面机一定要放在易操作的地方，且摆放平稳。

2）在使用之前要检查各部件紧固件是否结合紧密，各开关是否正常。

3）运转时不可触动转动部件，发现异声、松动、杂物、震动等异常现象时，应停机检查。

4）使用和面机时，注意扎紧袖口、衣角，不能有绳头，头发须盘到工作帽内，防止被扯进面桶内导致受伤。

5）在和面过程中切勿将手或其他硬物伸入面桶内，以免发生事故。

6）和面时要按规定加入面粉，不得超量，以免烧坏电动机。

7）使用前要进行检查，使用后要盖好盖子，防止昆虫进入机体。

8）使用完毕后及时拔掉电源，将按钮回归原位，清洗干净。

9）不要放在潮湿的环境中，以防生锈。

2. 压面机

（1）压面机的种类 压面机是代替传统手工揉面擀片的食品机械，一般分为工业类和家用型两种。工业用大中型压面机，也称压片机、辊压机、压皮机，是把经过和面及熟化的面坯通过反复压制，由厚而薄地轧成面片，从而使面坯中的面筋扩张，进一步形成细密的网络，并使面坯成为有一定厚度的具有可塑性、延伸性的面片或面条。家用压面机结构小巧，一般都由小功率电动机或人工手摇完成，可压细面、宽面、馄饨皮、饺子皮等。

（2）压面机的使用

1）使用前检查电线是否破损、漏电保护器（剩余电流断路器）及插座是否完好等。

2）使用前清理压面机，保证干净整洁。

3）将和好的面坯放在压面机的靠板上。

4）接上电源，打开开关。

5）用手稍推面坯的顶端，让面坯顺着滚压轮运转往下即可。可以调节压面辊间隙，间隙大则面片厚，间隙小则面片薄。

6）随着压面辊运转，面片从出口处压出，此时，双手接着面片，如果太长可以翻叠，再放入进口处，反复辗压面坯，直到面坯平整光洁为止。

7）双手在平板上把压过的面摆放好，取出放案板上待用。

8）使用完后应及时清洗，以免影响再次使用，如压面辊需要擦拭干净、进出口平板需拆下来洗净晾干等。

（3）压面机使用的安全事项

1）使用前要检查各部件安装是否正常，然后才能开动机器。

2）压面机运转时，手严禁接近压面辊，不可在运转时，一直用手送压面坯至压面辊，否则很容易压到手掌。

3）机器需在平稳状态下工作，不可处于晃动的状态。

4）当压面机突然发出异常响声时，必须停机检查，以免发生意外。

5）严禁在带电运转时清理压面机。

6）严禁用压面机压制硬物。

1.1.4 水调面坯的概念、分类及特点

1. 水调面坯的概念

面坯调制一般需经过配料、下粉、加水、和面、揉面、醒面等几个过程。水调面坯是面坯中的一种，是指用面粉、水调制的面坯。餐饮行业称之为“死面”或“呆面”。有时也加点盐、碱、糖，但量都不会很多，不会改变面坯的组织结构和质感，只是使面坯更具有弹性、韧性和延伸性。我们仍然称其为水调面坯。

2. 水调面坯的分类

水调面坯根据和面时使用的水温不同可分为：冷水面坯、温水面坯、热水面坯。因为水温不同，面粉中的蛋白质、淀粉所呈现的状态也不同。

（1）冷水面坯 一般用30℃以下的水调制面坯，冷水面坯中的蛋白质未发生变性，淀粉也未糊化，故面坯的弹性、韧性和延伸性均很好，做出的面点有嚼劲，筋道、爽滑，色泽洁白。冷水面坯主要适宜制作面条、水饺、春卷、馄饨、馓子等。

（2）温水面坯 一般用50℃左右的温水调制。50℃左右的温水使面坯中蛋白质部分变性，淀粉部分糊化，故做出的面点可塑性强，成品形状比较挺拔，主要用来制作花式蒸饺、三杖饼等。

（3）热水面坯 一般用90℃左右的热水调制，水温在70℃时，热水面坯中的蛋白质就会变性，淀粉完全糊化，做出的面点色泽较暗，口感软糯，有黏性，适合制作广东炸糕、泡泡油糕、烧卖、烙饼、蒸饺、虾饺等口感软糯的品种。

技能训练 1 调制冷水面坯

1. 材料（见表 1-1）

表 1-1 冷水面坯配方

品　种	原　料	
	面粉 / 克	参考用水量 / 克
鲜肉水饺皮	500	200
刀削面	500	175 拉
面	500	280
春卷	500	350

2. 工艺流程

下粉→加水→拌和→揉搓→醒面。

3. 做法

先将面粉倒在面盆中或案板上，在中间用手扒个圆坑，加入冷水（见图 1-5），用手从四周慢慢向里抄拌，至呈“雪花”状（见图 1-6），再反复揉成面坯，揉至面坯光滑有筋性为止（要求达到面光、手光、面盆或案板光，见图 1-7），然后将面坯放在面盆中，盖上一块洁净的湿布，静置醒面 15~20 分钟。

图 1-5 面加冷水

图 1-6 抄拌成“雪花”状

图 1-7 面和至光滑

4. 制作关键

（1）水温 冷水面坯通常用 30℃以下的水调制，只有在这种水温下，面粉中的蛋白质才不会发生变性，能生成较多的面筋网络，淀粉不会发生糊化，充实在面筋网络之间。

（2）加水量 每 500 克面粉通常加 250 克左右水比较合适，但也要灵活掌握。不同品种面粉的含水量不同，当地的湿度、气候不同，对加水量也有影响。

（3）分次加水 分次加水一是便于调制，二是可以随时了解面粉的吸水情况。如发现面粉吸水率不高，在第二次加水时要酌情减少，反之要加大水量。一般情况下，第一次占加水量的 70%~80%，第二次占 20%~30%，第三次只是少许洒点水，把面坯揉光。

（4）使劲揉搓 冷水面坯中的致密面筋网络主要靠揉搓力量形成。把面粉与水抄拌成雪

花状后，要用力揣捣，使其结合均匀后，还要反复用力揉搓，促使面筋充分吸收水分，从而产生较好的延伸性和可塑性。使劲揉搓是调制冷水面坯的关键。

（5）**静置醒面** 所谓醒面，是指将揉搓好的面坯静置一段时间，面坯中未吸足水分的颗粒有一个充分吸收的时间，从而使面坯中不再夹有小颗粒或小碎片，更好地生成面筋网络，使面坯更加柔软、滋润、光滑、有弹性。醒面时间一般是15~20分钟，有的也可达到30分钟。此外，醒面必须加盖湿布，以免风吹后发生表皮干燥或结皮现象。

5. 质量标准

韧性强、均匀、光洁。

技能训练2 调制温水面坯

温水面坯是用50℃左右的温水和面粉调制而成的面坯。50℃的水温与蛋白质热变性和淀粉膨胀糊化温度接近，因此，温水面坯的本质是淀粉和蛋白质都在起作用，但其作用既不像冷水面坯，又不像热水面坯，而是在两者之间。蛋白质虽然接近变性，但没有完全变性，还能形成面筋网络，但因水温较高，面筋的形成又受到一定的限制，因而面坯能保持一定的筋力，但筋力不如冷水面坯；淀粉虽已膨胀，吸水性增强，但还只是处于部分糊化阶段，面坯虽较黏柔，但黏柔性又比热水面坯差。

1. 材料（见表1-2）

表1-2 温水面坯配方

品　种	原　料	
	面粉/克	参考用水量/克
三鲜水饺皮	500	200
搅面馅饼	500	350
家常饼	500	300

2. 工艺流程

下粉→加温水→拌和→晾凉→揉面。

3. 做法

将面粉倒入面盆中，直接浇上温水，用馅尺搅拌均匀至无生粉粒，倒在案板上晾凉并揉搓均匀，盖上湿布静置醒面15~20分钟。

4. 制作关键

（1）**灵活掌握水温** 温水面坯因水温的差异，可分为水温偏低的和水温偏高的两类。它们有着不同的性质和用途。调制面坯时要根据品种的要求不同而灵活掌握。

（2）**灵活掌握调制方法** 要根据品种的不同而有所区别。有的面坯需要用搅、扎的手法，有的面坯则是用木棍搅制而成，有的则需反复揉。

5. 质量标准

有韧性、可塑性、延伸性。

1.2 生坯成型

1.2.1　面杖的种类及使用方法

面杖又称擀面杖，多为木制，是一种烹饪工具，呈圆柱形或橄榄形，用来在平面上滚动挤压面坯，直至压薄。面杖是中国很古老的一种用来制作面饼和压制面条的工具，一直流传至今。用面杖可以制作饺子皮、馄饨皮、包子皮、馅饼、油饼、麻花、拉条子等。

1. 面杖的种类

面杖有很多种，如单手杖、双手杖、橄榄杖、花擀杖、走槌等。河南用来擀饺子皮、馄饨皮等小面积面皮的是两头尖的小面杖，擀面条时用又粗又长的大面杖。山东的面杖两头和中间是平的。走槌也是面杖，其中间空，中间有一根轴，有擀面条的大走槌，擀饺子皮的小走槌（见图 1-8）。

图 1-8　各式面杖

因面食品种的不同，就需要不同的面杖，面杖的尺寸和重量也大相径庭。最常用的小面杖一般是 30 厘米长、3 厘米粗的直棍，用来制皮；中长的一般为 60 厘米长、3.5 厘米粗，用来制作烙饼等；最长的达 150 厘米长、5 厘米粗，用来制作馄饨皮等。还有两头尖的橄榄形杖，用来制作饺子皮及烧卖皮等；还有走槌，用来起酥等。不管什么形状规格的面杖，以檀木或枣木为佳，香椿木为上。

2. 面杖的养护

（1）木质面杖（见图 1-9）　新买的木质面杖，先浸冷水或热水除去原木的气味（或者用酒精、蒸汽消毒），再擦拭干净，晾干水分，然后在使用前用食用油擦拭一遍，可以降低面杖的吸水性，同时避免黏结面粉，使其不易因干湿变化而开裂，抹完食用油稍微晾干就可以使用了。使用后，将面杖表面处理干净，放在阴凉通风的位置，防止发霉或曝晒开裂。

图 1-9　木质面杖

（2）硅胶面杖（见图 1-10）　新买的硅胶面杖清洗干净，擦干，即可使用。使用后，将面杖表面处理干净，放阴凉通风处保存即可。在使用过程中，避免尖锐物品划伤。清洗时，禁止使用钢丝球。

（3）不锈钢面杖（见图 1-11）　新买的不锈钢面杖清洗干净，擦干，即可使用。使用后，将面杖表面处理干净，放阴凉通风处保存即可。

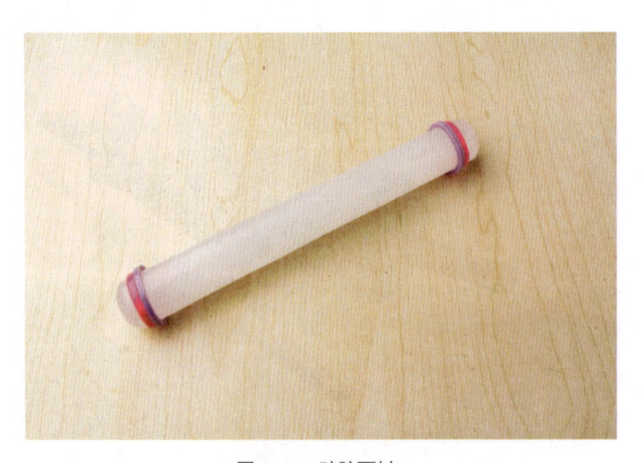

图 1-10　硅胶面杖

图 1-11　不锈钢面杖

（4）玉石面杖　新买的玉石面杖清洗干净，擦干，即可使用。使用后，将面杖表面处理干净，放阴凉通风处保存即可。在使用过程中，避免尖锐物品划伤。清洗时，禁止使用钢丝球。使用时，避免掉落到地面，防止摔裂或摔碎。

1.2.2　揉面的方法

1. 揉面的方法

和面后，因大部分面粉吸水仍不均匀，不够柔软滑润，不符合制品的要求。因此，需要再进行揉面。所谓揉面，就是通过反复揉搓，将和好的面揉匀、揉润，揉成光滑的面坯。揉面能使面坯中的淀粉膨润黏结，使蛋白质吸水均匀，产生有弹性的面筋网络，增强面坯的筋力。

揉面的技法分双手揉、单手揉两种，一般采取双手揉法。

（1）**双手揉法** 双手揉法是用双手的掌根压住面坯，用力向外推动，把面坯摊开，再从外向内卷起形成面坯，粘好接口；然后，再用双手向外推动摊开，揉到一定程度，改为双手交叉向两侧推摊，摊开、卷起，再摊开、再卷起，直到揉匀揉透，面坯表面光滑为止。

（2）**单手揉法** 单手揉法是左手拿住面坯一头，右手掌根将面坯压住，向另一头摊开，再卷拢回来，粘上接口，继续再摊、再卷，反复多次，直到面坯揉透为止。揉大面坯时，为了揉得更加有力、有劲，也可用拳头交叉搋开，使面坯摊开的面积更大，便于揉匀揉透。

2. 揉面的姿势与要领

（1）**揉面的姿势** 揉面时身体不能靠住案板，两脚要稍分开，站成丁字步式。身体站正，不可倾斜，上身可向前稍弯，这样，用力揉时，不致推动案板，也可防止物料掉落。

（2）**揉面的要领**

1）有劲：是指揉面时手腕必须用力。只有这样，才能使面坯中的蛋白质充分接触水分，与水结合生成致密的面筋质。

2）揉活：是指用力适当。根据面坯吃水、胀润情况确定用力大小。刚和好的面，因水分、面粉尚未完全结合，用力要轻（要轻轻地揉），随着水分被面粉均匀吃进，胀润、联结时，用力就要加重。

3）揉面时要顺一个方向揉，摊卷也要有一定的次序。否则，面坯内形成的面筋网络会被破坏。

4）要根据成品的需要掌握揉面时间。一般来说，冷水面坯适宜多揉；发酵面坯用力适中，揉制时间不宜过长；烫面、油酥面等则不能多揉，否则面坯上劲，影响成品的特色。

1.2.3 搓条的方法

1. 搓条的手法

搓条（见图1-12）是下剂前的准备步骤，是将揉好的面坯搓成条状的一种工艺技法。操作时，将醒好的面坯先切成长条状，通过拉、捏、抻等方法使之呈条状，然后双手掌根压在条上，适当用力，来回推搓滚动面坯，同时两手向两侧抻动用力，使面坯向两侧慢慢延伸，成为粗细均匀的

图1-12 搓条

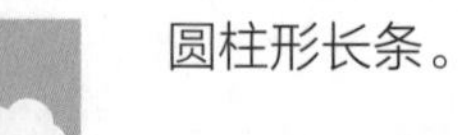

圆柱形长条。

2. 搓条的基本要求

搓成的条要光洁（不起皮，不粗糙）、圆整、粗细一致，因此操作时要注意如下几点。

1）搓时，要搓揉抻相结合，边揉边搓，使面坯始终呈粘连凝结状态，并向两头延伸。

2）两手着力均匀，防止一边粗一边细，粗细不均。

3）要用掌根按实推搓，不能用掌心。因掌心发空，按不平，压不实，不但搓不光洁，而且不易搓匀。

4）圆条的粗细，要根据成品的需要而定，如馒头、大包子的条就要粗一些，饺子、翡翠烧卖等的条就要细一些，但无论粗细都必须均匀一致。

1.2.4 下剂的方法

下剂也叫分坯、摘坯或掐剂子，是将整块的或已搓成条的面坯按照品种的生产规格要求，采用适当的方法分割成一定大小的坯子。下剂能否做到大小均匀，重量一致，直接关系到成品的外观，影响下道工序的操作，因而十分重要。由于面坯的性质和品种的要求不同，下剂的手法也有所区别，在操作上有揪剂、挖剂、拉剂、切剂等各种技法。

1. 揪剂

揪剂又叫摘坯、摘剂，一般用于软硬适中的面坯。操作方法是：左手轻握剂条，从左手拇指与食指间（或虎口处）露出需要长度的面坯，用右手拇指和食指轻轻捏住，并顺势往下前方推摘，即摘下一个剂子。然后，左手将握住的剂条趁势转 90 度（防止捏扁，使摘下的剂子比较圆整），并露出截面，右手顺势再揪。或右手拇指和食指由摘口入手，再拉出一段并转 90 度，顺势再摘，如此反复。总之，揪剂的双手要配合连贯协调。一般 50 克以下的坯子都可用这种方法，如蒸饺、水饺、烧卖等。

2. 挖剂

挖剂又叫铲剂，常用于剂条较粗、坯剂规格较大的品种，如馒头、大包子、烧饼、火烧等。由于剂子较大，左手没法拿起，右手也无法揪下，所以要用挖剂法。操作方法是：面坯搓条后，放在案板上，左手按住，从拇指和食指间（虎口处）露出坯段，右手四指弯曲成铲形，手心向上，从剂条下面伸入，四指向上挖断，即成一个剂子。然后，把左手往左移动，露出一个剂子坯段，重复操作。挖下的剂子一般为长圆形，有秩序地立在案板上。一般 50 克以上的剂子多用此种手法操作。

3. 拉剂

拉剂也叫掐剂，常用于比较稀软的、不能揪也不能挖的面坯。右手五指抓起适当剂量的面坯，左手抵住面坯，拉断即成一个剂子。再抓、再拉，如此重复。如果坯剂规格很小，也可用三个手指拉下。馅饼常用这种下剂方法。

4. 切剂

切剂（见图 1-13）也是常用的下剂方法。层酥面坯，尤其是明酥，非常讲究酥层，如圆酥、直酥、叠酥、排丝酥等，必须采取快刀切剂的方法，才能保证截面酥层清晰。也有馒头等采取切剂方法的。

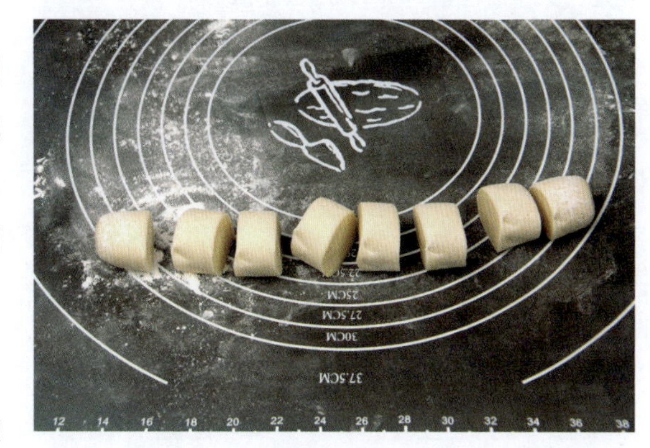

图 1-13　切剂

5. 剁剂

常用于制作馒头等。搓好剂条，放在案板上拉直，根据剂量大小，用厨刀一刀一刀剁下，既可作为剂子，又可作为制品生坯。为了防止剁下的剂子相互粘连，可在剁时用左手配合，把剁下的剂子一前一后错开排列整齐。这种方法速度快，效率高，但有时会出现大小不均的情况。

切剂和剁剂在某些品种中具有成型的意义，这时更需注意剂子的形态、规格，达到均匀、整齐、美观。

以上的下剂方法，以揪剂、挖剂两种使用较多。无论采用何种方法下的剂子，必须均匀一致，分量准确。

1.2.5　制皮的方法

制皮是将面坯或面剂，按照品种的生产要求或包馅操作的要求加工成坯皮的过程。一般制皮是为包馅服务的，因此是包馅前的操作工序。在面点制作中，大多数加馅的品种都需先进行制皮，如蒸饺、烧卖、水饺、馄饨、包子等。制皮技术要求高，操作方法较复杂，它的质量好坏，会直接影响包捏和制品的成型。由于品种不同、要求不同、特色不同、坯料的性质不同等原因，制皮的方法也是多种多样的。在操作顺序上有的在分坯后进行制皮，有的则在制皮后再进行分坯。常用的制皮方法有按皮、拍皮、捏皮、摊皮、压皮、敲皮、擀皮等。

1. 按皮

按皮（见图 1-14）是一种基本的制皮方法。操作时，将下好的剂子揉成球形，或直接将摘下的剂子截面向上，用右手

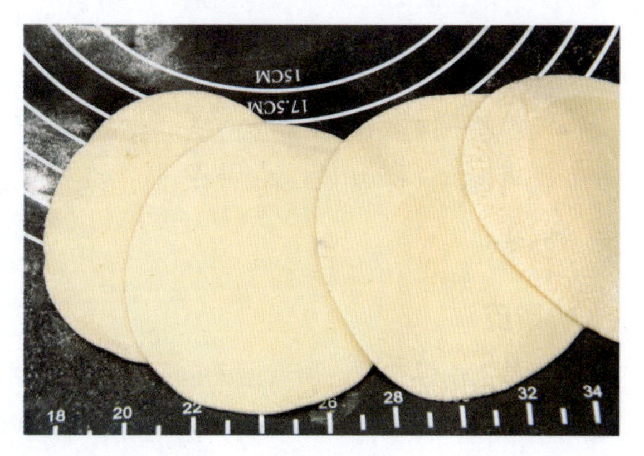

图 1-14　按皮

掌边、掌根按成边上薄、中间较厚的圆形皮子。按时，不可用掌心，否则按得不平且不圆整。一般豆沙包、糖包等采用此法制皮。

2. 拍皮

拍皮也是一种简单的制皮方法。即把下好的剂子直立起来，用右手指按压一下，然后再用手掌沿着剂子周围着力拍，边拍边转动，把剂子拍成中间厚、四边薄的圆皮，适用于大包子等品种。可单手拍，拍一下，转动一下；也可用双手拍，左手转动，右手拍。另外，可将面剂放在左手掌上，用右手掌拍一下即可，做烫面炸糕、糯米点心一般用此法。

3. 捏皮

捏皮一般是把剂子用双手揉匀搓圆，再用双手捏成圆壳形，包馅收口，又称“捏窝”，适用于米粉面坯制作汤圆之类的品种。

4. 摊皮

摊皮是比较特殊的制皮方法，主要用于浆、糊状或较稀软的面坯制皮，需借助加热和锅具。典型的摊皮方法有制春卷皮法和制锅饼皮法。操作方法如下。

（1）制春卷皮　平锅架火上（火力不能太旺），右手持柔软流动性好的面坯不停地抖动（防止流下），顺势向锅内一摊，锅上就被沾上一张圆皮，等锅上的皮受热成熟，取下，再摊第二张。摊皮技术含量较高，摊好的皮要求形圆、厚薄均匀、没有气眼、大小一致。

（2）制锅饼皮　铁锅架于火上（火力不能太旺），将部分稀面糊倒入锅中，趁势转动铁锅，使稀面糊随锅流动，转成圆形坯皮状，受热凝固，即形成一张平整的坯皮。要求坯皮厚薄均匀、大小一致、圆整。

5. 压皮

压皮也是一种特殊的制皮方法，一般用于没有韧性的剂子或面坯较软、皮子要求较薄的特色品种的制皮。剂子一般较小，广式点心制作澄粉制品时常用。操作方法：将剂子截面向上，用手略按，右手拿刀（或其他光滑、平整的工具）放平，压在剂子上，稍使劲旋压，成为圆形皮子。要求压成的坯皮平展、圆整、厚薄适中。

6. 敲皮

敲皮也是一种较特殊的制皮方法。操作时，用敲皮工具（面杖）在面坯原料上轻轻敲击，使坯子慢慢展开成坯皮。要求用力均匀，轻重得当，使皮子平整、厚薄均匀。如鱼皮馄饨等的制皮方法即属此类。

7. 擀皮

擀皮是当前最主要、最普遍的制皮方法，技术性较强。由于适用品种多，因此擀皮的工具和方法也是多种多样。擀皮的方法一般有平展擀制与旋转擀制两种，按工具使用方法分为单手擀制、双手擀制两种。

（1）饺子皮 饺子皮擀法按所用工具可分为面杖擀法和橄榄杖擀法（分单杆与双杆）两种。

1）面杖擀法属于单手擀制法。先把剂子截面向上按扁成圆坯，左手的拇指、食指、中指捏住圆坯的前部，放在案板上，右手持短面杖压住圆坯边后部 1/3 处，前后推轧滚动面杖，左手转动皮子，推轧四五下后，即擀成圆形如碟的皮子。关键是双手配合要默契，擀时用力要均匀。此法擀成的面皮适用于水饺、蒸饺、汤包、小笼包等。

2）橄榄杖擀法属于双手擀制法。将剂子截面向上按扁成圆坯，将橄榄杖（单杆或双杆）放于其上，以双手拇指控制橄榄杖两头，在圆坯上来回滚压。向前时，右手用力向前下方压，带动橄榄杖滚动，左手跟着橄榄杖跑，带动圆坯沿逆时针方向运行；回来时，左手向后下方压，带动橄榄杖向后滚动，右手跟着橄榄杖跑，带动圆坯沿逆时针方向运行。关键是要带动圆坯转动，向下的压力不宜过大，橄榄杖前后运行的幅度要大。此法擀成的面皮适用于蒸饺、花式蒸饺、锅贴等。

（2）馄饨皮 与饺子皮擀法不同，馄饨皮擀制的方法为“平展擀制”，不下小剂，用大块面坯；不用小面杖，用大面杖。

操作时，先把面坯揉匀、揉光、揉圆，用面杖压在面坯上向四周擀压开，然后拍上淀粉，把面皮卷在面杖上，双手掌根压面，同时用力向前推滚，每推滚一次坯皮就变大变薄一次。每擀按一遍，就打开坯皮拍一次粉，再调换一下位置，卷上再擀，如此反复，直至擀成薄如纸的皮为止。用刀裁成长方形片，一层层叠起，改刀成梯形、三角形或方形的皮子即可。关键是推滚时双手用力要均匀，向两端伸展，并不断调换位置卷起，以保持每个部分厚度一致。擀酥皮、花卷皮也属平展擀制。

（3）烧卖皮 烧卖皮要求擀成金钱底、荷叶边（或菊花边）。根据所用工具的不同，可以分为走槌擀法和橄榄杖擀法两种。

1）走槌擀法是将剂子按扁成圆坯，平放在案板上，撒上干粉，压上走槌，双手握住走槌中轴的两端，右手向下用力压住圆坯边缘，向前一按一推，边擀边转，着力点在边上，形成有波浪花纹的荷叶边。若将圆坯撒上干粉摞起，一次能擀出几张皮子。

2）橄榄杖擀法是将剂子按扁成圆坯，撒上干粉，把橄榄杖放于圆坯上，双手拇指控制住橄榄杖的两端，先将圆坯擀成厚薄均匀的圆皮，再将着力点移到圆皮边上，右手向前下方压，左手跟着跑，再左手下压，右手跟着跑，带动圆皮转动，形成菊花瓣形的烧卖皮。关键是右手用力要短促有力，烧卖皮要擀得圆，褶要均匀，但不能将皮子擀破。

（4）面条 面条起源于中国，已有 4000 多年的制作食用历史。面条是用谷物或豆类的粉加水和成面坯，之后压、擀或抻成片再切或压，或者使用搓、拉、捏等手法，制成片状（或窄或宽，或扁或圆）或小片状，最后经煮、炒、烩、炸而成的一种食品，花样繁多，品种多样。

面条主要分为鲜面、鲜湿面（半干面）、挂面。

1）鲜面是以小麦粉为主要原料，含水量30%左右的生面条。主要特点是含水量高、口感好，但保质期较短。

2）鲜湿面是以小麦粉为主要原料，经和面、醒面、压延、切条、切断、包装等生产的湿面条，含水量一般在20%~25%。主要特点是含水量较高、口感好、保质期比鲜面要长些。

3）挂面食用方便，是量产的干面条。面条经过干燥处理，含水量一般低于14.5%。主要特点是含水量低、易储存。

技能训练1　鲜湿面

1. 材料

面粉1000克，盐10克（1%），增筋剂5克（0.5%），水300克（30%），食用碱3克（0.3%）。

2. 工艺流程

面粉→添加增筋剂搅拌均匀→盐、碱、水混合→倒入面粉中→和面→醒面→轧片→切条→成品。

3. 做法

（1）**添加增筋剂**　把增筋剂撒在面粉中，搅拌混匀。

（2）**和面**　把盐、碱在水中溶解，然后加入面粉中，把面和成絮状。

（3）**醒面**　将和好的面絮静置30分钟左右，让蛋白质充分吸水形成面筋。

（4）**轧片**　将醒好的面絮放在面条机上连续轧片，直至面片光滑为止。注意：先将轧面辊间距调宽，逐渐变窄，最后调整到合适的间距，轧出需要厚度的面片。

（5）**切条**　将轧好的面片用面刀切成需要的面条。

4. 制作关键

1）选用湿面筋含量28%~32%，筋力、延伸性较好的面粉。

2）盐的添加量一般为面粉重量的1%~2%，加盐过多，会影响面筋的形成。梅雨季节可不加或少加。

3）食用碱的添加量一般为面粉重量的0.1%~0.3%，过多会促使淀粉糊化，易浑汤和破坏维生素。

5. 质量标准

面条应色泽均匀一致，洁白，或稍带微黄；无酸味、霉味及其他异味；有粗有细，但同一批次应粗细均匀。优质的面条煮熟后口感筋道、爽滑，不浑汤。

技能训练 2 传统手工挂面

1. 材料

面粉 1000 克，盐 50 克，食用碱 5 克，增筋剂 3 克，水 300 克。

2. 工艺流程

面粉→添加增筋剂→搅拌均匀→盐、碱、水混合→倒入面粉中→和面→切面→盘条→醒面→拉面→晒面→收面→成品。

3. 做法

（1）和面 筋道的挂面一定要头天晚上和面，面粉先加增筋剂拌匀，再加盐、碱、水溶液，和成面坯。

（2）切面 和好的面放至第二天清晨再开始切面，注意不是用刀切而是用碟子切。用圆碟在面坯上旋转，将面切成粗长条放入盆中，每放一层撒点面粉防止粘连。

（3）盘条 将粗条状的面条拉成细面，注意保证粗细一致。然后将盘好的面放入醒面箱。

（4）醒面 醒面就是将盘好的面放置不动，一般醒 5~6 小时。

（5）拉面 醒过的面并没有完全干，有超好的弹性，这时可以将面拉得细如发丝。

（6）晒面 将面拉至室外，暴露于阳光下，2~3 小时就会晒干。

（7）收面 把晒干的面条收起来，并且切成长短相同的段，再包装起来就可以了。

4. 制作关键

1）选用筋力、延伸性较好的面粉。

2）制作筋道的挂面时一定要头天晚上和面，使面筋得到完全扩展。

3）和面时加盐要适量，温度高时多加一点，温度低时少加一点。

4）醒面时间一定要足，否则拉伸不开

5. 质量标准

挂面应色泽均匀一致，洁白，或稍带微黄；干燥无酸味、霉味及其他异味；易储藏，使用方便；煮熟后口感筋道、爽滑，不浑汤。

技能训练 3 饺子皮

1. 材料

中筋面粉 500 克，冷水 250 克。

2. 工艺流程

面粉开窝→加入水→和成面坯→醒面 15 分钟→搓条→下剂→按剂→擀皮。

3. 做法

1）面粉开窝，加入30℃的冷水，分次加水：第一次加70％的水使面呈面絮状，第二次加20％的水和成面坯，第三次加10％的水和成光滑的面坯。

2）醒面：为了进一步形成面筋网络，使面坯光洁细腻，必须醒面15分钟。

3）搓条：取揉好的面坯，通过拉、捏、揉等方法使之呈条状，然后双手掌跟压在条上，同时两手用向两侧抻动的力，使面坯两侧慢慢延伸，成为粗细均匀的圆柱形长条。

4）下剂：饺子皮通常用揪剂的方法下剂，左手轻握剂条，从左手拇指与食指间露出需要长度的面坯，用右手拇指和食指轻轻捏住，并顺势往下前方推摘，即摘下一个剂子。然后，左手将握住的剂条趁势转90度，并露出截面，右手顺势再揪。或右手拇指和食指由摘口入左手，再拉出一段并转90度，顺势再摘，如此反复。

5）按剂：把下好的剂子用两手掌根按成中间厚边上薄的小圆坯。

6）擀皮：饺子皮一般用单面杖擀法。左手的拇指、食指、中指捏住小圆坯的前部，放在案板上，右手持短面杖压住圆坯边后部1/3处，前后推轧滚动面杖，左手转动圆坯，推轧四五下后，即擀成圆形如碟的皮子。

4. 制作关键

1）饺子皮面坯属于冷水面坯，加水时要分次加。

2）面坯一定要醒发15分钟。

3）下剂要大小一致。

4）擀皮时一般采用单擀法。

5. 质量标准

饺子皮每剂重9克，直径6厘米，形圆光洁，中间厚边上薄。

技能训练4　馄饨皮

1. 材料

面粉500克，蛋清100克，清水150克，玉米淀粉适量。

2. 工艺流程

面粉开窝→加入蛋清、清水→和成面坯→醒面→擀成大片→刀切成长条→改刀成馄饨皮。

3. 做法

1）将面粉放在案子上，开成窝形，加入蛋清、清水搅匀后与面粉拌匀，和成面坯，醒20分钟。

2）将醒好的面坯擀成长方形厚片，撒匀玉米淀粉，用大面杖卷起，双手按压擀制，擀制数次后，用另一根同样的面杖边卷边轻拉，将第一杖的面坯全部卷拉至第二杖上，每次都少量均匀地撒些玉米淀粉，反复擀成极薄的面片。

3）将擀好的面片整齐地折叠数层，用刀切成7厘米宽的长条，再用刀切成见方的皮子或梯形皮子即可。

4. 制作关键

1）和面时要和匀揉透。

2）擀制时边要整齐，薄厚均匀。撒玉米淀粉要适量，不可过多过少，过多影响包制，过少皮子粘连。

5. 质量标准

柔软有劲，皮薄如纸。

技能训练5 烧卖皮

1. 材料

中筋面粉500克，沸水150克，冷水100克。

2. 工艺流程

面粉开窝→沸水打花→散尽热气→洒冷水成团→醒面→搓条→下剂→擀至成皮。

3. 做法

1）将面粉放在案子上，开成窝形，加沸水烫面，和成面絮后摊开散尽热气。

2）洒冷水，和成面坯，醒面20分钟。

3）将醒好的面坯搓条、下剂。

4）根据擀制烧卖皮所用工具的不同，可以分为走槌擀法和橄榄杖擀法两种。

① 走槌擀法：将剂子按扁成圆坯，平放在案板上，撒上干粉，压上走槌，双手握住走槌中轴的两端，右手向下用力压住圆坯边缘，向前一按一推，边擀边转，着力点在边上，形成有波浪花纹的荷叶边。若将圆坯撒上干粉摞起，一次能擀出几张皮子。

② 橄榄杖擀法：将剂子按扁成圆坯，撒上干粉，把橄榄杖放在圆坯上，双手拇指控制住橄榄杖的两端，先将圆坯擀成厚薄均匀的圆皮，再将着力点移近圆皮边，右手向前下方压，左手跟着跑，再左手下压，右手跟着跑，带动圆皮转动，形成菊花瓣形的烧卖皮。关键是右手用力要短促有力，烧卖皮要擀得圆，褶要均匀，但不能将皮子擀破。

4. 制作关键

1）沸水烫面后一定要散尽热气，否则吃口粘牙。

2）洒冷水成团时一定要注意面坯的软硬度。

3）擀制烧卖皮时不管是用走槌或橄榄杖擀制，烧卖皮均要保证中间厚。

4）擀制过程中左右手必须协调，起花边时用力急促均匀，往前推擀。

5. 质量标准

1）烧卖皮要求金钱底、荷叶边或菊花边。

2）荷叶边烧卖皮每剂 20 克，面皮直径 12 厘米。

3）菊花边烧卖皮每剂 16 克，面皮直径 11 厘米。

4）形圆，花边均匀、密集，造型完美。

1.3 产品成熟

面点产品成熟是将面点半成品或生坯通过各种加热途径加热使之成为熟制品的操作工艺。成熟一般是面点制作的最后一道工序，对面点成品的色、香、味、形、质各个方面的最后形成和体现具有相当重要的作用，俗话说“三分做工，七分火工”。

1.3.1 灶的种类、使用方法及安全事项

1. 灶具的种类

1）按使用气种分为天然气灶、人工燃气灶、液化石油气灶。

2）按材质分为铸铁灶、不锈钢灶、搪瓷灶、玻璃灶。

3）按灶眼分为单眼灶、双眼灶、多眼灶。

4）按点火方式分为电脉冲点火灶、压电陶瓷点火灶。

5）按安装方式分为台式灶、嵌入式灶。

2. 灶具的使用方法

1）要请专业人员安装测试，不可自己安装。

2）必须人走火熄，不可开着火出门。

3）开启燃具后要观察火有没有点着，避免火没着造成燃气泄漏。

4）必须确认燃气灶适用的燃气和提供的燃气类型是一致的。

5）使用过程中要经常查看，避免汤汁溢出熄灭火焰，造成燃气泄漏。

6）如果连续 3 次打不着火，应隔一会儿，确定燃气消散后，再重新打火。

3. 灶具安全事项

1）根据国家规定，一般家用灶具的使用年限为 8 年，到期后用户应及时更换，以免出现隐患。

2）要经常检查供气管道及接口处是否破漏，并定期更换。

3）要经常清理火盖上的火孔，防止堵塞并应经常清理炉头内的灰尘、饭渣等杂物。

4）灶具如有损坏，要请专业人员维修，不可擅自更换维修，以免维修不当造成燃气泄漏。

1.3.2 铛的种类、使用方法及安全事项

1. 铛的种类

电饼铛也叫烤饼机，有单面加热和上下两面同时加热两种类型。铛主要分为燃气型（天然气、液化石油气）、用电型（民用电、工业用电）。市面一般以用电型为主。用电型又分为家用小型款和店面使用大型款两种。

（1）小型电饼铛 用来制作烙饼、馅饼、玉米饼、发面饼等面食，也可用来做烧烤、煎烤、铁板烧等。

（2）大型电饼铛 具有自动上下控温功能，可适用于制作公婆饼、千层饼、掉渣饼、葱油饼、煎饺等。

（3）悬浮式电饼铛 所谓悬浮就是电饼铛的上下加热面中间间隙是可以调整的，饼厚则空隙加大，薄则空隙减少，这样有效保证了双面加热均匀。

2. 铛的使用方法

1）第一次使用时，先用湿布将盘面擦拭干净，晾干后擦上少量食用油。

2）打开开关，先进行预热，然后再使用。

3）产品工作过程中，严禁用手触摸盘面及产品，以免烫伤。

4）放入将要烤制的食品后盖好盖，参照食物加工时间表来调制时间，也可凭自己的经验。一般当电饼铛四周热气变小时表明食物已熟，食品加工时间表只供参考，它与电压、气温，以及食物的用料、软硬、大小等有关。使用完毕，断电后稍等几分钟，稍微冷却后，再用湿抹布擦拭即可。

3. 铛的使用安全事项

1）因该产品功率较大，要选用适合大功率的接线和插座。

2）有的电饼铛有 4 条喷塑式电镀腿，在使用前要安装好。

3）箱体后面有一只 M8 接地螺栓，要接好牢靠的地线后再使用电饼铛。

4）电饼铛不宜长时间空烧，连续工作时间不得超过 24 小时。

5）电饼铛在使用中人不可走远，一定要避免儿童接近使用中的电饼铛。

6）不要在易燃、易爆的物品周围及潮湿的场所使用电饼铛，严禁在露天或淋雨的状态下使用。

1.3.3 煮的熟制方法

煮是将面点半成品或生坯料投入水锅内，以水为传热介质，利用水的传热对流作用，使面点制品成熟的一种方法，是最常用的面点成熟方法之一，常用于冷水面坯、米粉面坯、杂粮面坯制品的成熟。根据面点成品特点一般可分为出水煮和带水煮两种。

1. 出水煮

出水煮主要运用于面点半成品的成熟，如面条、水饺、馄饨等。其主要特点是成品吃口爽滑，能保持原料的软韧风格；有利于去除部分半成品内添加物的异味，如碱味、盐味等。

（1）操作流程

沸水$\xrightarrow{\text{加热}}$下坯$\xrightarrow{\text{加热}}$点水（一次或几次）$\xrightarrow{\text{调节水温}}$浮起成熟。

（2）操作方法 锅中加宽水烧沸，依次放入生坯，搅动水面，以防粘底，水沸后点凉水一次或几次，待生坯浮起后捞出。

（3）操作要领 水沸下锅，防止水解；水量要大，下坯数量恰当；水要沸而不腾，保证成品质量；鉴定成熟，及时起锅。

2. 带水煮

带水煮是将原料按成品的要求与清水或汤汁一同放入锅内煮制的一种成熟方法。其主要特点是汤汁入味，质地浓厚，有利于突出原料的风味，使主料和辅料的各种口味融为一体。带水煮主要用于原汤汁品种的成熟，也用于复加热品种的成熟，如八宝绿豆粥、高汤水饺、牛肉粉丝、杏仁奶露等。

（1）操作流程

生料或半成品$\xrightarrow{\text{加入汤、水}}$入锅→加热→调味→成熟。

（2）操作方法 将生料或半成品、汤或清水一起放入锅中，煮至成熟后调味，连汤一起盛出。

（3）操作要领 根据制品特点，确定水煮方法；灵活掌握火候；用水适量，恰到好处。

1.3.4 烙的熟制方法

烙是通过金属受热后的热传导使面点生坯成熟的一种制熟方法。烙制品大多具有外表酥脆、内部柔软，色呈淡黄或黄褐色的特点。烙制法所适用的范围主要有水调面坯、酵母膨松面坯、玉米面坯、粉浆等，常见的品种有烙饼、煎饼、单饼、春饼、家常饼等。由于烙制品种的特点和要求不同，烙制的工艺也不同，一般分为干烙、加油烙和加水烙 3 种。

1. 干烙

干烙是在加热时将成型的制品放在特制的金属板或平底锅上，既不刷油又不洒水，利用锅底传热使其成熟的方法。干烙的特点是：皮面香脆，内里柔韧，色呈黄褐色，吃口香韧，耐饥，富有咬劲，便于携带和保存。春饼一般采用干烙的方法。

（1）操作流程

锅体预热→放入生坯→翻坯→成熟。

（2）操作方法　先将锅烧热，放入生坯制品，先烙一面，再烙另一面，直至成熟。

（3）操作要领

① 烙锅必须干净。为保证成品的质量，必须将锅洗净，因生坯直接在锅上烙熟，如果锅不干净，就会影响制品的色泽和口感。

② 掌握火候，保持锅面温度适当。烙制不同的生坯，要求运用不同的火候，才能使锅面温度适当。如薄的饼类，要求大火快烙；较厚或带馅的生坯，火力要适中或稍低，以保证生坯和馅都能成熟。

③ 及时移动位置，及时翻坯。生坯烙制时，常需进行三翻四烙、三翻九转等操作，俗称“找火”，这样可防止锅热处焦煳、锅温低处夹生的现象。如果火太旺，无法“找火”，则要采取压火、离火等措施，以保证烙制过程的正常进行。

2. 油烙

油烙的操作方法与干烙基本相似，区别在于油烙在每次翻锅时，需要刷油再烙，制品成熟主要靠锅底传热，油脂也起到一定作用。其成品特点是色泽金黄，皮面香脆，内里柔软有弹性。常见的品种有葱油家常饼等。

（1）操作流程

锅体预热→锅底刷油→放入生坯→刷油翻坯→成熟。

（2）操作方法　油烙的方法与干烙相同，但需注意油量。

（3）操作要领

① 无论锅底或制品表面，刷油一定要少（比油煎要少）。

② 刷油要刷匀、刷遍，并用干净的熟油。

3. 水烙

水烙的方法和操作技术与干烙略有差异，是在铁锅底部加水煮沸，将生坯贴在铁锅边缘（但不碰到水），然后用中火将水煮沸，既利用铁锅传热使生坯底部烙成金黄色，又利用水蒸气传热使生坯表面松软。水烙的成品不仅具有一般蒸汽制品的松软特点，还具有干烙的干、焦、

香等特点。

（1）操作流程

锅底部加水煮沸→贴上生坯→烙焖→成熟。

（2）操作方法 先将锅加少许水煮沸，锅边贴上制作成型的生坯，焖至熟，在操作时水烙一般不需要翻坯移位。

（3）操作要领

① 锅底的水一定要烧开，待锅体温度达到时方可贴上生坯。

② 生坯离水面一定要有一定距离。

③ 随时注意锅内的水量，不能烧干。

④ 待时间差不多，要改成小火再加热一会儿，保证成品成熟。

1.3.5 炸的熟制方法

炸是指使用大量油作为传热介质，利用热对流作用使制品成熟的一种方法。这种方法必须大锅多油，制品全部浸入油内还有充分活动余地。油烧热后，制品逐个下锅，炸匀炸熟，炸成金黄色，即可出锅。炸一般适用于麻花、油条、春卷、油饼、炸糕、炸圈、粢饭团等制品。因为油脂能耐 200℃以上的高温，所以炸是高油温成熟法，制品具有香、松、酥、脆、色泽美观等特点，适用性较强。

1. 炸的原理

油脂能耐高温，加热的火候越大，时间越长，油温就越高，一般采用 150~220℃的高温。利用油脂高温传热时，由于半成品生坯内有水分，因此当油加热到 100℃以上时，便会汽化水分，至不断排尽为止。当含有较多水分的生坯投入热油锅时，一方面，排出生坯中的水分；另一方面，迅速通过汽化、对流，使生坯受热、成熟。油温越高，排出水分的速度越快，成熟也越快；成熟的时间越长，排出的水分就越多，成品含水越少，吃口越香脆。

2. 炸制技术关键

面点制品在一定油温下炸制，既要达到可食性（内部成熟），又要达到一定的感官性状（色泽金黄）。如果油温过高，就可能炸焦炸煳，或外焦里不熟；如果油温太低，炸出的制品比较软嫩，色泽淡，耗油量大，产品吃起来油腻。炸制技术的关键如下。

1）用油要多，下坯及时，数量适当。炸是大油量加热成熟法，故用油宜多不宜少，至少要能淹没生坯。下坯多少会直接影响油温的下降速度，油温下降很快的话，如不能迅速回温，一定会造成生坯互相粘连，影响产品的成熟及色泽，还会影响成品外形完整，故要选择适当的下坯时机和下坯数量。

2）正确掌握油温，控制好火候。首先讲述一下油温的划分，介绍一下油脂的发烟点、闪点和燃点。发烟点，即油脂加热过程中开始冒烟所需要的最低加热温度；闪点，即在加热时，挥发的蒸气与明火接触，瞬时发生火光而又立即熄灭时的最低温度；燃点，即发生火光而开始燃烧的最低温度。油脂的闪点和燃点见表1-3。

表1-3 油脂的闪点和燃点

品　名	闪点/℃	燃点/℃
菜籽油	163	446
椰子油	216	342
棉籽油	252	343
豆油	282	445
花生油	282	445

要使炸制品成熟，都必须把油加热到150℃以上，有的甚至需要200℃左右时再下生坯，这样才能形成脆、松、香、色泽金黄等特色。如果下锅油温过低，会使制品色泽发白，软而不脆，并且延长成熟时间，使成品僵硬不松软，影响口感和口味。但当锅内油温上升到一定温度后，也忌继续用旺火，否则很容易使成品焦煳。如果火力太旺，就要立即离火，或加入适量冷油进行降温，以防焦煳或烫伤人。

3）掌握成熟时间，及时起锅。生坯成熟的时间受多方面因素影响，故要及时观察成品状况，及时起锅。

4）及时换油。使用炸的成熟方法，油不易清洁，如果发现油质不清，应及时换油，以免影响热传导及污染生坯，影响成品色泽和质量。

技能训练1　手擀面

手擀面（见图1-15）是面条的一种，因用手工擀出，所以称为“手擀面”。面条的制作方法多种多样，有擀、抻、切、削、揪、压、搓、拨、捻、剔、拉等，其中手擀面是大众的重要主食之一，具有口感筋韧、面香浓郁的特点。手擀面制作简便，可随吃随煮，浇菜码带汤均可，是从南到北都广泛食用的一种主食。近年来，面条的品种越来越丰富，但家常手擀面却被忽视了。

图1-15　手擀面

1. 材料

面粉500克，水适量（面水比例约10 ： 4.5），鸡蛋2个，盐适量。

2. 工艺流程

面粉（盐＋水＋蛋液）→和面→醒面→擀面片→切条→熟制。

3. 做法

1）盐放到水里搅匀。把盐水、蛋液倒入面粉，揉成表面光滑的面坯（水不要一次全部加入，先倒入大部分，再看面坯的情况决定是否继续加水），面坯和得稍硬些比较好。

2）将面坯放到容器中，盖上盖子，醒1小时。可放入冰箱冷藏，会更加筋道。

3）取出面坯，在案板上反复揉，尽量多揉一会儿。

4）在面坯上撒些薄面，将揉好的面坯擀成圆饼状，再擀成椭圆形的面片，将面片卷在面杖上来回滚动，使面片越来越薄。中间最好换几次角度重复此操作。

5）达到自己需要的厚度后，展开面片，在上面撒些薄面。

6）将面片折叠，切成细条，宽度随意。

7）切好后将面条抖开摊开，再撒些薄面以防粘连。

8）开水下锅，手擀面比较好熟，煮一开即可。

9）根据个人喜好，配上喜欢的菜码。

4. 制作关键

1）制作手擀面的面粉最好是高筋面粉，其次是中筋面粉，低筋面粉不适合做手擀面。使用高筋面粉时，面条最筋道好吃，但擀制用力较大。使用中筋面粉时擀制稍为容易，可以加入鸡蛋或少许盐增加成品的筋道口感。

2）可加入菠菜汁制成绿色手擀面，也可用其他蔬菜、水果汁代替水。使用菠菜类菜汁的时候，尽量只取纯菜汁，过滤出来的菜渣可以加入鸡蛋、盐、面粉等煎制成小点食用。

3）和好的面坯不能马上擀制，要覆盖保鲜膜保湿醒20~30分钟，若一次和的面太多，分开擀制时，放置在一边的面坯要注意覆盖保鲜膜保湿，以免水分蒸发，面坯变干。

4）原则上面杖较长比较好用，擀面时要用均匀、较大的力道擀开，中途不停地打开、卷起，并变换方向擀制，尽量使面片各处受力一致，厚薄均匀，中途可以撒上少许玉米淀粉或面粉防粘。

5）擀好的面片摊开后用手抚摸，发现未能擀制均匀的地方，可以将该处再擀几下，尽量使所有面片厚薄均匀。

6）手擀面煮制以后会涨发，所以擀面不能太厚，否则成品会更厚，以薄于1毫米为宜，切面的时候可以根据个人喜好确定面的宽窄。

7）煮手擀面的水要多，水开后再下面条。一次擀制了过多的面条，可以加入较多的面粉抖开，装入密封性好的保鲜袋、保鲜盒，放入冰箱冷冻，尽早吃完。

5. 质量标准

1）面条粗细均匀，软硬适中。

2）不连刀，根根独立不粘连。

3）色泽微黄，口感劲道，不糊汤。

技能训练2 荷叶饼

荷叶饼是河北承德市特色传统面食，在“中华民国”时期就十分盛行。饼薄如纸，绵软洁白，嚼之富有弹性，吃时卷上葱、酱，别具风味。这是一款百搭饼，可以用来夹各种荤素菜肴。宴席上也多用荷叶饼卷烧鸡或烤鸭，再辅以甜面酱、葱等食用。

1. 材料

面粉500克，盐2克，热水125克，冷水125克，食用油适量。

2. 工艺流程

面粉+盐→热水和面→冷水揉面→醒面→成型→熟制。

3. 做法

1）将面粉置于盆中，放入盐。

2）先用热水和面，把面打成絮状。

3）再将冷水放入面中，揉成面坯，静置醒15分钟。

4）第一次醒好的面坯要揉好，揉到光滑没有面疙瘩，将大面坯一分为二，继续醒15分钟左右。

5）在面坯的中间戳个洞，抻拉使洞慢慢变大，变成一个圆环。

6）把圆环切开，成为长条面，用手滚均匀，分切成剂子。

7）把剂子用手搓圆，按成小圆饼，刷上油。

8）将两片小圆饼油面对油面合上，擀成薄薄的饼，一定要两面都擀，否则大小不均匀。

9）电饼铛烧热不放油，每个面烙3分钟左右就可以了。

10）轻轻从边缘撕开。

4. 制作关键

1）根据不同面粉进行加水量控制，以面坯柔软度适中为好。

2）面坯一定要醒发到位。

3）刷油一定要刷均匀。

4）擀制时两个面饼要擀得大小一致。

5）烙制时控制好温度，不要烙得太硬。

5. 质量标准

饼薄，一面焦黄一面软糯，饼圆形美，适合和菜肴搭配食用。

技能训练 3　葱油烙饼

葱油烙饼（见图 1-16）是一种有葱香味的饼，主要流行于中国北方，其形状一般比较大，边缘比较脆，中间通常较软，主要由面粉、水和盐制作而成。在食用时通常切成块状，作为主食使用。

图 1-16　葱油烙饼

1. 材料

面粉 300 克，热水 125 克，鸡蛋 1 个，色拉油 50 克，猪油 50 克，盐 3 克，葱花 10 克。

2. 工艺流程

鸡蛋 + 面粉 + 水→和面→醒面→制作油酥面→成型→熟制。

3. 做法

1）鸡蛋敲入面粉（250 克）中，加热水揉成面坯，放温暖湿润处醒 1 小时，取出揉成光滑的面坯。

2）制作油酥：将葱花、盐、50 克面粉放入小碗中，锅里加猪油、色拉油烧热后浇入小碗中，搅拌均匀。

3）将面坯擀成圆形薄片，将油酥均匀涂抹在饼坯上。

4）从下往上卷起来，拧成麻花状，往中间盘起来，重叠在一起，用面杖压扁。

5）放锅起油，油不要太多，能均匀涂抹锅底就行，放入葱饼坯，小火煎烙。

6）两面都烙成金黄色即可。

4. 制作关键

1）和面时不要用开水，用 60~70℃的热水。

2）面醒的时间长点，烙的饼口感更好。

3）油的量很关键，刷薄薄的一层就可以。

4）烙的时候不要经常翻动，如果面饼做得好，会看到小泡泡鼓起，切勿用铲子按压。

5. 质量标准

微带咸味，葱香浓郁，色泽金黄，口感酥香。

复习思考题

1. 小麦按照加工精度是如何分类的？
2. 简述电子秤的使用方法。安全使用要注意哪些方面？
3. 使用和面机时应注意哪些安全事项？
4. 调制冷水面坯时有哪些制作关键？
5. 调制温水面坯时有哪些制作关键？
6. 面杖的种类有哪些？
7. 简述揉面的姿势与要领。
8. 搓条的基本要求有哪些？
9. 简述揪剂的操作方法。
10. 常用的制皮方法有哪些？
11. 简述荷叶饼的做法。
12. 简述葱油烙饼的制作关键。

项目 2

膨松面品种制作

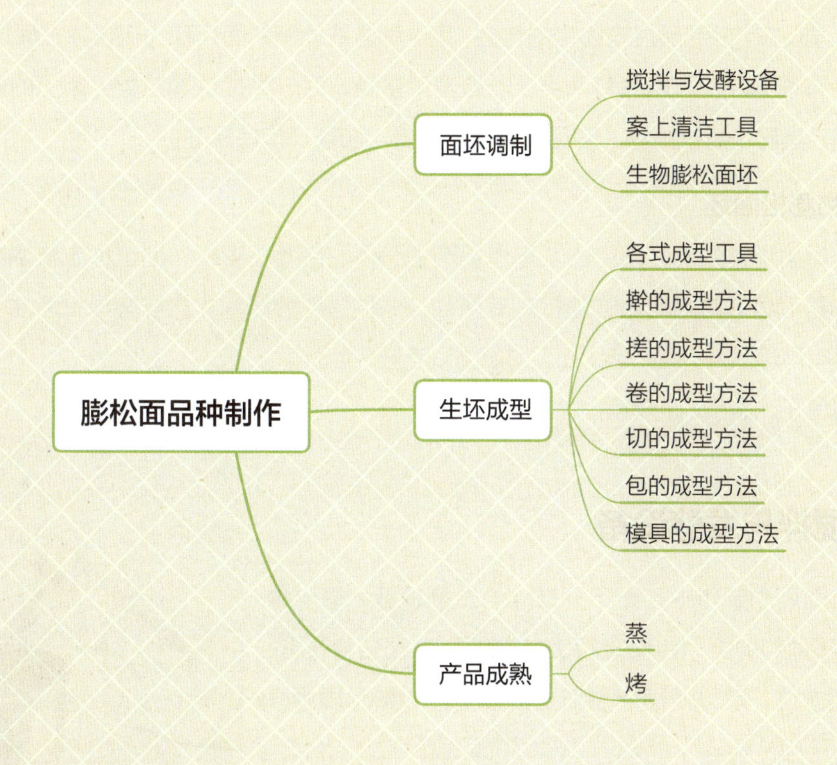

膨松面品种制作
面坯调制
搅拌与发酵设备
案上清洁工具
生物膨松面坯
生坯成型
各式成型工具
擀的成型方法
搓的成型方法
卷的成型方法
切的成型方法
包的成型方法
模具的成型方法
产品成熟
蒸
烤

2.1 面坯调制

膨松面坯是指在调制面坯的过程中，添加膨松剂或采用特殊的膨胀方法使面坯发生生化反应、化学反应或物理反应的面坯，通过加热，会产生或包裹大量气体，使制品体积膨松。其特点是疏松、柔软，体积膨胀，形状饱满、有弹性，制品内部呈海绵状结构。膨松面坯包括物理膨松、化学膨松和生物膨松面坯。

1. 物理膨松面坯

以鸡蛋作为介质，通过高速搅拌，加入面粉搅成蛋糊，形成蛋糊面坯，以这种方法调制而成的面坯称为物理膨松面坯。其制品成熟后具有松发柔软的特性，一般用来制作蛋糕类、泡芙类制品。

2. 化学膨松面坯

把一定量的化学膨松剂加入面坯中，通过这些化学膨松剂在面坯中受热或遇水遇油产生一系列的化学反应，使制品具有膨松的特性，用这种方法调制的面坯称为化学膨松面坯。目前，化学膨松剂有很多种，常用的有两类，一是发酵粉类，另一类是矾碱盐类。常见的化学膨松剂有小苏打、臭粉、泡打粉等。常见成品有马拉盏、油条、核桃酥等。

3. 生物膨松面坯

利用酵母菌繁殖生长过程中的发酵作用产生气体，使面坯膨松，用这种方法调制的面坯称为生物膨松面坯。常用的生物膨松剂有两种：一种是纯酵母菌，如鲜酵母、活性干酵母；另一种是含有酵母菌及杂菌的老酵，又称面肥、老肥、老面等。常见成品有包子、馒头、花卷等。

2.1.1 搅拌与发酵设备

在膨松面坯的制作中，离不开搅拌与发酵设备，每一种设备，都有不同的种类、使用方法和注意事项。掌握各种设备、工具的使用方法，可以使面点制作更加规范化，提升质量，提高效率。

1. 多功能搅拌机

多功能搅拌机（见图 2-1）是综合打蛋、和面、拌馅、绞肉等功能为一体的食品加工机械，主要用于制作蛋糕（搅

图 2-1　多功能搅拌机

拌蛋液），是面点制作工艺中常用的一种机械，它由电动机、传动装置、搅拌器和蛋桶等部件组成，利用搅拌器的机械运动将蛋液打起泡，工作效率较高。

（1）使用方法 将蛋液倒入蛋桶内，加入其他辅料，将蛋桶固定在搅拌机上。启动开关，根据要求调节搅拌器的转速，由低档慢慢提高，蛋液搅打达到要求后关闭开关，将蛋桶取下，蛋液倒入其他容器内。使用后要将蛋桶、搅拌器等部件清洗干净，存放于固定处。

（2）使用时要注意的安全事项

1）每次使用前须检查电源线、开关及接地线是否处于正常状态，确认安全无误后方可使用。

2）插座的功率要适合电动机的功率。

3）开机试运转先选低档，如果要变速必须先停机再进行操作。

4）机器工作前，根据原料，选用适合的搅拌器和转速（拌馅料用片状、中速；和面粉用钩状、慢速；打蛋液用网状、快速）。

5）搅拌时，手及其他物体勿伸入蛋桶内。

6）搅拌时随时观察搅拌机工作情况，遇异常现象应立即切断电源，联系专业维修人员查看。

2. 醒发箱

醒发箱（见图 2-2）是根据发酵原理和要求设计出的电热产品，利用电热控制电路加热箱内水箱中的水，根据不同品种产生相对湿度为 60% ~70%或 80% ~85%、温度为 35~40℃的最适合发酵的环境，具有方便使用、安全可靠等优点，是提高面点生产质量必不可少的配套设备。

图 2-2 醒发箱

（1）使用方法 使用时，先在水箱内加满定量的水（以能淹没加热管但不超过水位限高线为宜），再设置好温度、湿度，即可开启。加热指示灯亮表示开始加热，当箱内温度达到设定温度时指示灯灭，醒发箱进入恒温状态后将制品放入醒发，待发酵结束，断开电源，做好醒发箱内外清洁工作。

（2）使用时要注意的安全事项

1）使用前必须检查水箱内是否有水，水必须超过加热管至少 5 厘米，以免发热烧毁。

2）醒发箱和控制面板不得用水冲洗，保持干燥。

3）为确保安全，应接好接地线，并保证接地线良好。

4）每次使用后清洁设备，并根据设备的使用情况每周做一次深度清洁，严禁用水冲刷电器部位，以防造成损坏。

2.1.2 案上清洁工具

案板是制作面点的工作台，和面、搓条、下剂、擀皮、成型等一系列的操作工序，基本都是在案板上完成的，必须时刻保持清洁。清洁工具主要有以下几种。

1. 面刮板

面刮板（见图 2-3）有切片、分割、转移、清理案板等多种功能，好清洗，是日常烹饪和制作面点的常用工具，有不锈钢、铜、塑料等材质。

使用方法：用手握住薄板上方的握手来切割面坯、辅助和面，刮去案板上难以清理的黏着物等。面刮板不可直接接触火源或置于火源附近，禁止在烤箱或微波炉内使用。

2. 小簸箕

小簸箕（图 2-4）用塑料或不锈钢、藤、竹等制成，在面点中主要用于盛放杂物等。

图 2-3 面刮板

图 2-4 小簸箕

使用方法：小簸箕一般与面刮板配合使用，将面刮板刮下的杂物盛放在小簸箕中，可时刻保证案板的杂物有处可放，保持案板整洁。

3. 抹布

抹布一般用棉、麻等制作而成，要经常更换。

使用方法：准备湿抹布和干抹布各一条，先用湿抹布将案板完全擦干净，再用干抹布将案板上遗留的水珠擦干即可。

2.1.3 生物膨松面坯

生物膨松面坯也称为发酵面坯，即在和面时加入酵母或“老面”，和成团后置于适宜的条件下发酵，形成质地膨松柔软的面坯。行业上习惯将生物膨松面坯称为“发面”“酵面”，是餐饮业面点生产中最常用的面坯之一。但因其技术复杂，影响发酵面坯质量的因素很多，所以必须经过长期认真的操作实践，反复摸透它的特性，才能制作出适合各种产品的发酵面坯。

生物膨松面坯具有体积膨大松软、面坯内部呈蜂窝状的组织结构、有弹性等特点，一般适用于面包、包子、馒头、花卷等制品。根据其所用发酵剂和调制方法的不同大致可分为酵母发酵和面肥（又叫老面、面种）发酵。

1. 酵母发酵面坯

（1）调制方法 将面粉倒在案板上，中间挖一个窝，放入泡打粉、干酵母和白糖，加入温水将面粉和成均匀光滑的面坯。

（2）调制要点

1）掌握好用料比例。一般加入面粉总量1%的干酵母、1%的泡打粉、3%的白糖和60%的温水。

2）将面坯揉匀揉透。面坯揉匀揉透才能使成品表面光滑，色泽洁白。

3）掌握好醒发时间。不同的季节，醒发时间不一样，一般来说，夏季短、冬天长。

（3）工艺流程

面粉＋泡打粉拌和＋干酵母、白糖和温水→和成光滑的面坯→发酵。

2. 面肥发酵面坯

（1）调制方法 将隔天剩下的面肥加温水抓开，放入面粉拌匀，再揉成光滑细腻的面坯，让其发酵。

（2）调制要点

1）用料比例要恰当。一般制作大酵面，面肥的量是面粉总量的10%。

2）发酵时间要恰当。不同的季节，醒发时间不一样。一般来说，春秋发酵5~6小时，夏季发酵3~4小时，冬季需发酵7~8小时（根据当地气温而定）。

3）使用前必须兑碱。面坯中含有杂菌，发酵过程中会产生酸味，需要兑少许碱中和。

（3）工艺流程

面肥＋温水＋面粉→和成面坯→带酸味发酵面坯→加少许碱水→充分和匀开始发酵。

技能训练 调制生物膨松面坯

1. 材料

面粉500克，干酵母5克，泡打粉5克，白糖15克，温水300克。

2. 工艺流程

面粉＋泡打粉＋干酵母＋白糖＋温水→和面→发酵。

3. 做法

按以上所学的知识进行发酵面坯的实践活动。

4. 制作关键

（1）**控制糖的分量** 糖可以为酵母菌提供养分，促进面坯的发酵，但用量不宜过多，因为糖的渗透压作用会使酵母菌的细胞壁破裂，妨碍酵母的繁殖，从而影响发酵。

（2）**掌握水温** 水温对面坯的发酵影响很大，太低或太高都会影响面坯的发酵。例如，冬季发酵面坯时，可将水温适当提高，一般为30~37℃；春秋时节用28~30℃的水，夏季时应该使用凉水和面。

（3）**掌握好面坯发酵时的温度** 酵母发酵的理想温度是35℃左右，如果温度太低，酵母菌繁殖会比较困难；温度太高，不仅会促使酶的活性加强，使面坯的持气性变差，而且有利于乳酸菌、醋酸菌的繁殖，使制品酸味加重。

5. 质量标准

面坯膨松至原体积的两倍，无酸味。

2.2 生坯成型

面点生坯成型就是将调制好的面坯制成不同形状的面点半成品的过程。面点制品的花色很多，成型的方法也多种多样，大体可分为擀、按、卷、包、切、摊、捏、镶嵌、叠、模具成型等诸多手法。

2.2.1 各式成型工具

面点制品的成型在很大程度上依赖各式各样的工具或模具，因各种面点的品种及制作方法有较大的差别，因此使用的工具也有所不同。

1. 花钳和花车

花钳一般用铜片或不锈钢片制成，有锯齿形、锯齿弧形、直边弧形等，能使成品或半成品表面形成美观的花纹，常用于各种花式面点的造型。花车是利用其小滚轮在面点的平面上留下各种花纹，如苹果派、夹心糕等。

使用方法：将花钳或花车在面点生坯上捏出或推压出各式花纹，达到制品所需要的效果。

2. 花嘴

花嘴（见图2-5）又称裱花嘴、裱花龙头，用铜皮或不锈钢皮制成，有各种规格和样式，可根据图案、花纹的需要进行选用，多用于蛋糕、奶油曲奇的裱花等。

使用方法：将浆状物装入裱花袋中，挤注时用花嘴形成所需的花纹，做成制品需要的形状和要求。

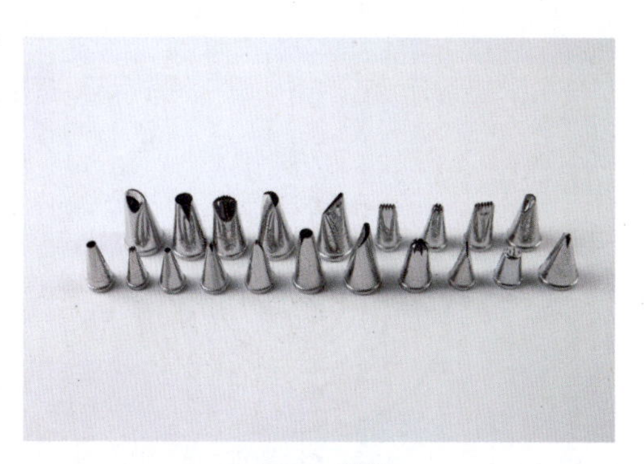

图 2-5　花嘴

图 2-6　切刀

3. 刀具

面点制作常用刀具有切刀（见图 2-6）、美工刀片、锯齿刀和剪刀。切刀主要用于切丝、切条、分割面皮等；美工刀片有单面刀片和双面刀片两种，主要用于酥点的生坯成型等，如荷花酥；锯齿刀主要用于需要有花边的面皮的裁切；剪刀主要用于花色品种修剪图案。

使用方法：用刀具将面点生坯切割或修成所需要的形状。不管是什么样的刀具，在运用时都要注意安全，避免受伤。

4. 印模

印模以木质材料为主，有单凹和多凹等规格，底部刻有各种花纹图案及文字（见图 2-7）。坯料通过印模成型，形成图案、规格一致的精美面点，如广式月饼、绿豆糕、糕团等。图 2-8 所示为月饼印模。

图 2-7　印模

图 2-8　月饼印模

使用方法：用印模成型时，面剂的大小要适当，将面剂装入印模中，用力要均匀，慢慢按压，不可过度用力，否则会将面剂压裂。

5. 印章

印章是刻有图案或文字的木戳，用来印制面点成品表面的图案，如苏式月饼等。

使用方法：在印章的图案上粘上食用色素，按在面点成品上方的中心处，达到点缀的效果。

6. 套模

套模（见图 2-9）是用不锈钢或铝合金制作的具有不同轮廓形状的镂空模具，有圆形、椭圆形、菱形及各种花鸟形状，常用于制作清酥坯皮面点、甜酥坯皮面点及小饼干等。

使用方法：将面坯加工成片状，然后用某个模具在上面卡出规格一致、形状相同的生坯。

图 2-9　套模

7. 盏模

盏模由不锈钢、铝合金、铜皮制成，形状有圆形、椭圆形等，主要用于蛋糕、布丁、派、挞、面包的成型。

使用方法：模具里刷好油，将面点生坯放入模具内，再放入成熟设备中加热成熟，最后将制品从模具里取出即可。

2.2.2　擀的成型方法

擀是运用擀面工具将面点生坯擀制成一定形状的方法。面点制品在成型前大多要经过“擀”这一基本技术工序，这是面点制作的基本功之一。因涉及面广，品种内容多，实用性强，因此擀在面点制作中被广泛使用。各种面点制品的要求不一样，使用的工具和方法就不一样，一般有如下几种工具：单手杖，成品一般为中间厚、周边略薄的圆形坯皮，如制作包子皮、油饼等制品；双手杖，是用双手按住面杖擀皮的方法，技巧和单手杖大同小异，如制作圆形的饺子皮、荷叶边的烧卖皮等；走槌，也叫通心槌，常用于分量较大的面坯擀制，如制作馄饨皮、面坯、开酥类等。

2.2.3　搓的成型方法

搓是成型的基本技术动作，最常用的是搓条。搓条是将面坯经双手揉搓，制成一定规格、粗细均匀、光滑圆润的条状。搓条要求粗细均匀、紧密、光滑圆润。另一种方法是搓团，将面坯压在手掌心，左右手配合，将面坯搓圆搓光，这种方法常用在馒头、面包等的制作中，要求搓成的面坯光洁，且接头越小越整齐越好。

2.2.4 卷的成型方法

卷是面点成型的一种常见方法，将面片抹上油或馅心后一起卷拢成圆柱形，一般和搓、切、叠等方法配合操作。卷主要分为单卷法和双卷法两种。

单卷法是将平铺在案板上的坯皮抹上一层油，放上馅料，将坯皮连同馅心从一头卷到另一头，成为单卷圆筒形，适用于制作蛋卷、普通花卷等；双卷法是将平铺在案板上的坯皮抹上一层油，放上馅料，将坯皮连同馅心从两头同时向中间对卷，卷到中间后两卷靠拢成粗细一致的双圆筒形，适用于制作鸳鸯卷、蝴蝶卷、四喜卷、菊花卷等。

2.2.5 切的成型方法

切是用刀具将整块或整条的坯料分割成符合成品或半成品形态和规格要求的一种方法，常与擀、压、卷、叠等成型手法一起使用，下刀准确，分割均匀，分为手工切和机械切两种。

手工切适用于小批量生产，如小刀面、伊府面、过桥面等；机械切适用于大批量生产，特点是劳动强度小、速度快。但是，机械切的制品口感不如手工切。

2.2.6 包的成型方法

包是将各种不同的馅心通过操作使坯料与馅料合为一体成为成品或半成品形态的方法。包馅的手法动作较多，常与其他成型手法结合使用，有包入法、拢上法、包裹法等，常用于馅饼、烧卖、粽子、汤圆、青团等制品的成型。包馅法要求馅心居中、规格一致、形态美观。

2.2.7 模具的成型方法

模具成型法是指根据成品的要求运用特制的模具，使成品或半成品达到某种特殊形态的成型方法。这种成型法的特点是：使用方便、便于操作、规格一致，可用于机械化批量生产制作。模具成型大体可分为以下 4 类。

1. 印模

印模是按成品的要求将所需形态刻在木板上制成的模具。制作时，将坯料放入印模内，可以按压出与印模一致的图形。成型时一般常与包合用，并配合按的手法，如制作广式月饼时，先将馅心包入坯料内，再放入印模内按压成型。

2. 套模

套模使用时，将坯料擀平整，用套筒逐一刻出规格一致、形态相同的成品或半成品，如糖酥饼、花生酥、花饼干等。

3. 盒模

盒模是用铁皮或不锈钢皮经压制而成的凹形模具。制作时，将坯料放入模具中，经烘烤、油炸等方法成熟后，便可形成规格一致、形态美观的成品，主要形状有长方形、圆形、梅花形、荷花形、盆形、船形等。常见成品有蛋挞、布丁、水果蛋糕、萝卜丝油墩子等。

4. 内模

内模是用于支撑成品或半成品外形的模具，规格式样可随意创造或特制，如麒麟筒、蛋筒等。

技能训练 1　蜂糖糕

蜂糖糕（见图 2-10）是江苏扬州和上海传统特色糕点小吃，采用精面粉和玫瑰酱、糖桂花等原料烹制而成，入口松软，花香浓郁，是夏季佳点，深受食客喜爱。

图 2-10　蜂糖糕

1. 材料

面粉 500 克，温水 300 克，面肥 150 克，食碱液 5 克，糖桂花 3 克，白糖 175 克，红枣 200 克，食用红色色素 0.1 克，蜜饯 70 克，色拉油 30 克。

2. 工艺流程

面粉 + 面肥 + 温水→和面→发酵→兑碱→发酵→成型→熟制。

3. 做法

1）将面粉倒在案板上，中间扒一小凹槽，放入面肥，再放入温水约 250 克，调成面坯，揉匀揉透，为防止表皮干硬开裂，用干净湿布盖好，并保持适宜的温度发酵成酵面。将酵面兑入食碱液揉匀，再放进白糖、糖桂花、温水50克揉匀，或拎住一头在案板上掼上劲，这样制品成熟后既松又有劲。

2）将酵面分成两等份，都揉搓滚圆成表面光滑无小气泡的小面坯。取两只小盆，烫洗晾干后，盆内涂抹油，将面坯的光面朝下，放入盆内，一般面坯的体积占盆的70%，把盆放进醒发箱静置，温度需保持40℃左右，待酵面醒发至与盆口相平时，即可出醒发箱。

3）将酵面直接放入小笼内，1只小笼放1块面坯，光面朝上，擦去酵面上的油迹，将蜜饯、红枣之类嵌在四周，用右手沾少许清水，将酵面抹平，即成蜂糖糕生坯。

4）将蜂糖糕生坯放在沸水锅上蒸20分钟，用竹扦插入糕内，抽出来时扦子上没有生面粘在上面，证明已成熟，即可出笼。

5）出笼后趁热用特制的大圆戳沾上食用红色色素溶液，盖上红色的或喜庆或丰收的图案。

4. 制作关键

1）调制蜂糖糕面坯时必须把面坯发足。

2）发足的面坯必须排气。

3）排气后的面坯必须进行二次发酵。

4）配料必须在二次发酵以后再嵌入，并且嵌牢嵌实。

5. 质量标准

口感松软，味道香甜，色泽洁白，果香浓郁。

技能训练2 荞麦馒头

荞麦馒头（见图2-11）是中国传统特色面食之一，是用荞麦和面粉混合发酵蒸成的食品。

图2-11 荞麦馒头

1. 材料

面粉500克，荞麦粉100克，白糖30克，干酵母6克，泡打粉5克，沸水60克，温水200克。

2. 工艺流程

荞麦粉＋沸水→烫面→加面粉等→和面→成型→熟制。

3. 做法

1）荞麦粉用沸水烫成雪花状，冷却后与面粉、干酵母、泡打粉、白糖放在盛器内或者堆在干净的案板上混合均匀，加入温水拌和成雪花状，调和成团，反复揉制，直至面坯光洁。

2）在案板上撒上一层面粉，将面坯搓成直径约4厘米的条，再将搓好的条分成80克左右重的剂子。

3）将剂子用手掌不断地揉至表面光滑，再用双手搓成高高的圆形，逐一放入蒸笼内，待醒发到位，蒸制10分钟即可食用。

4. 制作关键

1）荞麦因为支链淀粉含量多，直链淀粉含量少，故必须先用沸水烫制，使淀粉糊化。

2）分割剂子时要大小均匀。

3）搓剂子时要搓透，保证表面光洁细腻。

4）搓好的生坯一定要醒发到位，方可蒸制。

5）蒸制时一定要旺火足汽，一气呵成。

6）为了保持口感，荞麦粉的量一定要控制好。

5. 质量标准

色泽诱人，口感松软，形状完美，面皮细腻光洁，具有荞麦的清香和酵面应有的面香。

2.3 产品成熟

成熟是将面点半成品或生坯加热由生变熟的操作过程。由于面点种类繁多，又各具特色，所以需要用不同的方法来成熟。即使是同一种原料，也会因产品不同而运用不同的成熟顺序和方式。以下主要阐述蒸和烤两种工艺。

2.3.1 蒸

1. 蒸箱

蒸箱是利用蒸汽传导热能，将食品直接蒸熟的工具，是目前厨房中广泛使用的一种加热设备，具有操作方便、使用安全、劳动强度低、清洁卫生、热效率高等特点。

使用方法：将生坯等原料摆屉后推入箱内，将箱门关闭，拧紧安全阀门，打开蒸汽阀门。根据熟制原料及成品质量的要求，调节蒸汽阀门的大小。制品成熟后，先关闭蒸汽阀门，待箱内外压力一致时，再打开箱门取出制品。

使用时注意如下安全事项。

1）使用蒸箱前先检查蒸箱内水位是否在正常位置，自动进水阀门是否堵塞。

2）关好气灶观察门，同时面部远离点火孔 50 厘米以上，严禁面部正对点火孔。

3）开启鼓风机电源，再慢慢打开燃气灶气阀，同时观察、调节风力大小及火力。

4）蒸制品蒸制结束后，及时关闭供气阀门及鼓风机电源。

5）使用中如遇设备故障或停电、停气原因造成燃气蒸箱炉火熄灭，应立即关闭所有气阀和电源。

6）使用人员应经常检查蒸箱是否漏气，有无松动破损，如发现异常应及时报修。

2. 蒸的熟制方法

蒸是指将制作好的面点生坯放在蒸屉内，盖上笼盖，置于水已烧开的笼锅上，使面点生坯成熟的一种方法。蒸的运用较为广泛，一般适用于水调面坯、膨松面坯和米粉面坯等制品的成熟。蒸制的成品特点是：能保持成品形态相对完整，使有馅品种的馅心细腻、多汁、鲜嫩。

蒸的基本原理是利用水蒸气的温度和外加的一定压力，通过蒸汽的对流运动，不断接触生坯或原料，使生坯或原料受热渗透，由表面逐渐向内部渗透，使其成熟。制品生坯入笼蒸制，当蒸汽温度超过 100℃，面点四周同时受热，制品表面的水受热汽化时，其蒸汽也参与传热过程。制品外部的热量通过导热，向制品内部低温区推进，使制品内部逐层受热成熟。制品生坯受热后蛋白质与淀粉发生变化，蛋白质受热变性，淀粉受热后膨胀糊化，糊化过程中，吸收水分变为黏稠胶体，出笼后温度下降，冷凝成凝胶体，使制品表面光滑。蒸有两种方式，一种是传统的水锅蒸制法，另一种是锅炉气管放蒸汽蒸制法。

（1）水锅蒸　水锅蒸成熟法是直接利用锅内水沸时不断产生的蒸汽的温度、压力和湿度使原料成熟的一种方法。

工艺流程：锅内加水烧沸并保持沸腾→生坯摆入蒸笼→上笼→蒸制成熟→取出成品。

操作要领如下。

1）生坯必须沸水上笼并盖紧笼盖。因为沸水会迅速产生大量水蒸气，生坯表面的蛋白质也会迅速变性凝固成熟，若水不开就上笼，此时笼内温度不够高，生坯表面蛋白质缓慢变性凝固，不利于成熟。盖严笼盖可以提高笼内温度，增大笼内气压，加快成熟时间，减少燃料耗费。

2）锅内水分要足并且水质要干净。锅内的水分充足才能保证水蒸气充足，但水也不宜过多；锅中的水经过不断蒸制后水质会发生变化，这种水质形成的水蒸气会使蒸制出的面点

色泽变暗、串味，甚至有异味，所以蒸一次就要换一次水。

3）掌握成品数量，保证成品质量。因为水锅内产生的蒸汽热量和压力是有限的，如果一次放进的产品数量太多，会导致所有生坯受热不足，延长成熟的时间，甚至会影响成品质量。用水锅蒸成品，每次最多放 3~5 层笼屉。

4）根据原料特性，掌握成熟的时间。不同的面点品种，体积大小不同，成熟的时间也各不相同。如果蒸制时间不够，会导致制品不熟、粘牙，时间过长则会导致制品形状坍塌，所以要掌握好制品的成熟时间，制品一旦成熟，应该立即出笼。

（2）锅炉蒸 锅炉蒸汽成熟法，又称蒸汽蒸，是用锅炉制造高压蒸汽来使面点生坯成熟的一种方法。蒸汽蒸速度更快，更有优势。

工艺流程：放置生坯→加热→放汽→加热→成熟。

锅炉蒸汽与水锅蒸汽的压力、温度相差很大，一般面点成熟时所需要的蒸汽压力在 62.5 帕斯卡，温度在 100~140℃就可以满足需要，压力和温度过高或过低都会影响成品的质量。而锅炉蒸汽大大超过这个标准，因此操作要领如下。

1）注意蒸汽压力，控制放汽量。

2）适当掌握蒸具与蒸汽管口的距离，以防喷出的水直接与原料接触。

3）恰当掌握成熟时间，注意上下屉之间成熟度的差异。

4）严格执行操作规程，注意操作安全。

2.3.2 烤

1. 烘烤炉

烘烤炉是一种密封的用来烤食物或烘干产品的电器，是利用电热元件所发出的热辐射来烘烤食品的电热器具，可以制作烤鸡、烤鸭，还可烘烤面包、糕点等。这是目前大部分餐馆及酒店厨房必备的一种设备，常用的有单门式烘烤炉（见图 2-12）、双门式烘烤炉和多门式烘烤炉（见图 2-13）。电热烘烤炉主要通过定温、控温、定时等控制火候，温度一般最高能达到 300℃。烘烤炉一般都可以单独控制上下火的温度，以使制品达到应有的质量标准。它使用简便、卫生，可同时放置 4~10（或更多）个烤盘。

使用方法：打开电源开关，根据品种要求，将控温表调至所需要的温度进行预热，预热结束后，将摆好生坯的烤盘放入炉内，关闭炉门，调好时间，待品种成熟后关闭电源，取出烤盘。待烤盘凉透后，应将烘烤炉清洗干净，晾干收好。

使用时注意以下安全事项。

1）使用前应先检查电源、电器元件是否处于正常工作状态。

2）在使用过程中严禁打开设备观看，以免烫伤。

3）严禁在烘烤炉内或附近睡觉，取暖及烤衣物等。

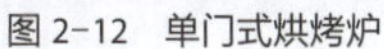
图 2-12　单门式烘烤炉

图 2-13　多门式烘烤炉

4）设备不要带“病”运转，发现故障隐患，应及时停机检查。

2. 烤的熟制方法

烤，又称烘，是利用烘烤炉内产生的高温，通过辐射、传导、对流三种传热方式使面点成熟的一种方法。烘烤炉通过能源的作用不断产生热能，经辐射方式将热直接传递给生坯，并通过炉内的热对流，同时作用于生坯的各个表面部位，使生坯表面同时受热。由于烘烤炉内的温度一般都较高，因此在成熟过程中，生坯表面所含水分将同时汽化并挥发。炉内的温度越高，生坯内水分汽化的速度越快，受热渗透成熟也越快，时间越长，失水就越多。烤的特点如下。

1）适用范围较广，操作方便，成熟效果好。

2）清洁卫生，劳动强度低，生产效率高。

3）成品失水较多，口感松、香、酥，老少皆宜。

4）成品便于携带，耐存放。

烤的操作要领如下。

（1）选择合适的温度　根据面点的不同类型和品种，多采用这么 3 种火型：面点制品要求白皮或保持原色的，应选择微火，炉温一般在 110~170℃；面点制品要求金黄色或黄褐色的，应选择中火，炉温通常在 170~190℃；面点制品要求枣红色及红褐色的，要选择旺火，炉温一般在 190℃以上。

（2）严格控制烘烤炉温度　生坯入炉前的预热温度一般应稍高些，当生坯入炉后则要根据品种成熟的要求，调整温度。如烘面包时，应先使烘烤炉预热，当温度上升到 250~280℃时，

放入生坯，温度应立即调整为 200~240℃。因此，及时调节是控制烘烤炉温度的关键。

（3）控制底、面温度 大多数烘烤品种，在成熟中都对底火、面火有要求。色泽要求不同，其受热要求也不同。这是体现成品色泽、反映成熟质量不可忽视的一项操作技术。

（4）掌握烘烤时间 一般电热烘烤的成熟时间比较有规律，但必须根据生坯品种来定。面点种类千变万化，成熟时间差距很大。薄小的生坯，3~5 分钟即可成熟，厚、大带馅的则要 15~30 分钟才能成熟。

（5）要注意炉内湿度 炉内湿度大，制品上色好，有光泽；炉内过于干燥，制品上色差且无光泽，粗糙。炉内湿度受炉温、炉门密闭情况和炉内烤制品数量多少，包括气候季节等的影响，故在操作中要灵活掌握。

（6）注意烤盘间距和生坯摆放的密度 烤盘间距大或生坯在烤盘内摆放得过于稀疏，易造成炉内湿度小、火力集中，使制品表面粗糙、灰暗甚至焦煳。靠近盘边，要摆得密些，当中要摆得稀疏些。

技能训练 1 脑花卷

脑花卷是一款经典的主食，因形似脑花而得名，可以做成椒盐、麻酱、葱油等各种口味，营养丰富，味道鲜美。

1. 材料

面粉 500 克，干酵母 6 克，白糖 35 克，水 240 克，葱 150 克，盐、色拉油各少许。

2. 工艺流程

和面→发酵→成型→熟制。

3. 做法

1）调制面坯，方法同酵母发酵面坯的调制，醒发待用。

2）葱切成葱花备用。

3）在案板上撒上一层面粉，将面坯擀成厚约 3 毫米的面片，抹上一层色拉油，撒上盐和葱花，折叠成粗细均匀、直径约 4 厘米的长条。

4）用刀将长条切成约 4 厘米长的段，用筷子平行于切面方向一压，左右手的拇指、食指掐住面段两头向里一卷，呈戒指状，即成脑花卷生坯。

5）将生坯摆入蒸笼内醒发，待其体积膨胀至原来的 1.5 倍，用旺火蒸制 10 分钟即可。

4. 制作关键

1）面坯要发足。

2）面皮要擀得薄一些。

3）刷油要均匀。

4）生坯成型时，折叠成长条，不是卷成圆桶状。

5）生坯成型后要发足再蒸。

6）旺火蒸熟，约 10 分钟。

5. 质量标准

色泽洁白，口味咸香，形似脑花，口感松软，诱人食欲。

技能训练 2 蟹壳黄烧饼

1. 材料

面粉 500 克，干酵母 8 克，白糖 50 克，水 250 克，脱皮白芝麻 200 克，香油、饴糖水各少许。

2. 工艺流程

和面→醒发→搓条下剂→包心→二次醒发→烤制。

3. 做法

1）调制面坯：面粉开窝，加入干酵母拌匀，白糖加入水中溶解，倒入面粉中和成面坯。

2）醒发：和好的面坯醒发 30 分钟。

3）取 1/5 发酵好的面坯，搓条下剂成 2 克左右的小剂子，滚沾上香油备用。

4）其余的面坯搓条下剂，每剂 25 克。

5）芝麻炒至三分熟备用。

6）包心：用 25 克大剂包入 2 克滚上香油的小剂，收口后按成饼状。

7）饼两面刷上饴糖水，粘上脱皮白芝麻，入烤盘再进一步醒发。

8）入烤箱烤制，以上火 210℃、下火 220℃烤制 20 分钟即可。

4. 制作关键

1）面坯要发足。

2）芝麻要事先炒至三分熟。

3）烤箱温度不能低，防止烧饼失去水分。

4）粘上芝麻后一定要二次发酵，否则烧饼形不饱满。

5）芝麻一定要烤至金黄色，否则香味出不来。

5. 质量要求

色泽金黄，口感外脆里软，形圆饱满，味道甜香，诱人食欲。

复习思考题

1. 阐述膨松面坯的定义。
2. 简述多功能搅拌机使用安全事项。
3. 如何调制生物膨松面坯?
4. 根据各种面点制品的要求，擀面工具有哪些?
5. 简述卷的成型方法。
6. 简述包的成型方法。
7. 简述蒸的基本原理。
8. 烤的特点有哪些?
9. 简述烤的操作要领。
10. 简述水锅蒸的操作要领?

项目 3

米制品制作

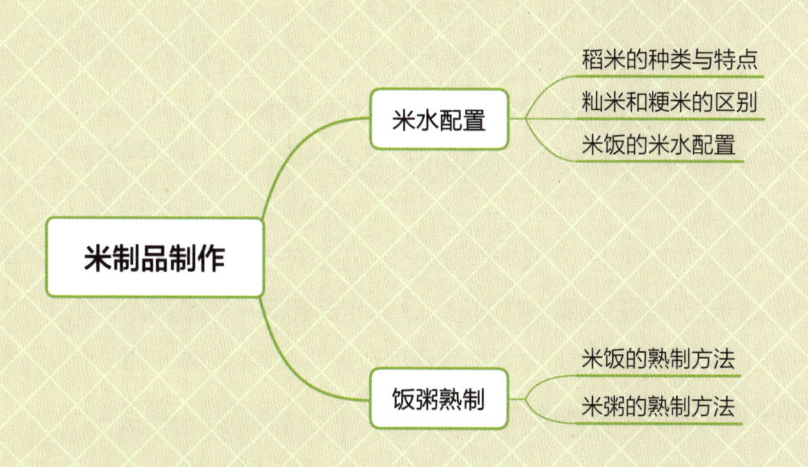
米制品制作
米水配置
稻米的种类与特点
籼米和粳米的区别
米饭的米水配置
饭粥熟制
米饭的熟制方法
米粥的熟制方法

米制品主要是以大米及米粉为主要原料，辅以糖、油、蜜饯、肉类、鱼虾、果品等原料，经过加工制成的一类面点食品。按其原料及加工方法的不同，一般可分为整米制品、米粉面坯制品两大类。整米制品是直接选用质地不同的米制成的各式面点食品，主要有粥类、饭类、粽类、米团、米糕等，口味多以清淡、咸鲜为主，也有少量甜味制品，制熟方法多采用煮、蒸。米粉面坯是指将质地不同的米经过多道工序加工制成米粉，再加水调制而成的面坯，主要包括糕、团、饼等，熟制方法多采用蒸、煮、炸等。

3.1 米水配置

3.1.1 稻米的种类与特点

稻米俗称大米，是稻谷去皮层后所得到的一种可食用的谷物，是人类重要的粮食作物之一。稻米按米粒内所含淀粉的性质分为籼米、粳米和糯米。

（1）籼米 籼米又称南米、长米，主要产自南方，以广东、湖南、四川等省为主。米粒呈细长或者长椭圆形，一般长度在 7 毫米以上。其特点是硬度适中，黏性最小，涨发性最大，色泽灰白，大都为半透明，也有透明或不透明的，口感干而粗糙。常见的有香米、各种桥米、丝苗米、猫牙米等。

（2）粳米 粳米（见图 3-1）又叫圆粒大米，主要产于中国东北，以东北、华北、江苏等地为主。特点是米粒一般呈椭圆形或圆形，米粒丰满肥厚，横断面近于圆形，长与宽之比小于 2，颜色蜡白，呈透明或半透明状，质地硬而有韧性，煮后黏性、油性均大，柔软可口，出饭率低。常见的有东北米、珍珠米、江苏圆米、水晶米、越光稻、黄金晴等。

图 3-1 粳米

（3）**糯米**　糯米又称江米，其特点是硬度最低，黏性最大，涨发性最小，色泽乳白不透明，但熟制后有半透明感，主要产于江苏南部、浙江等地。主要品种有泰国上品芽糯、金鹭芽糯、珍珠糯、太湖糯等。糯米又分为籼糯米（长糯米，见图3-2）和粳糯米（圆糯米，见图3-3）两种。籼糯米黏性较差，米质硬不易煮烂，是由籼型糯性稻谷制成，米粒一般呈长椭圆形或细长形；粳糯米由粳型糯性稻谷制成，米粒一般呈椭圆形，粒阔扁，其黏性较大，品质较佳。糯米按颜色来分又有白色和红色两种，红色的如江苏常熟香血糯。

图3-2　长糯米

图3-3　圆糯米

糯米除直接制作点心（如八宝饭、粢饭）外，还可磨成粉与其他米粉混合使用，如制作苏式船点、汤圆、年糕等。糯米磨粉后调成粉团，黏性极强，一般不能制作发酵面坯。

3.1.2　籼米和粳米的区别

（1）**形状不同**　籼米和粳米的颗粒大小不同，籼米是用籼型非糯性稻谷制成的米，米粒大多呈细长形，而且米质非常轻，黏性也特别小，用籼米蒸出来的米饭非常膨松。粳米大多呈椭圆形，是用粳型非糯性稻谷制成的米。粳米黏性大，用粳米蒸出来的米饭非常黏。一般北方多产粳米，南方多产籼米。

（2）**口感不同**　籼米涨发性较大而黏性较弱，用籼米蒸出来的米饭黏性比较小，松软可口，适合煮米饭。粳米蒸出来的米饭口感会硬一些，胶稠度高，黏稠滋养，适合煮粥。

（3）**营养功效不同**　籼米和粳米除了外观形状及口感方面不同之外，功效也不同。籼米的蛋白质含量超过8%，粳米蛋白质含量只有7%；粳米的胶稠度要求大于70，籼米只要求超过60。用籼米蒸饭有补中益气、健脾养胃的功效，且富含维生素A，有清肝明目的效果。粳米有补益填精的功效，尤其适合产妇和老年人食用，能够增强体质，还具有辅助降压降脂的作用。

3.1.3　米饭的米水配置

米饭，又称白饭，简称饭，是一种稻米与水煮成的食物，根据加水量的不同可分为饭类

与粥类。

1. 饭类的米水配置

饭类米水配置因米的种类不同略有差异，可按自己的喜好来调整。一般米饭的加水量为米的 1~1.2 倍；如果需要干一点的米饭，水和米的比例以 1 ∶ 1 为好。粳米和水的比例为 1 ∶（1.2~1.4）；籼米和水的比例为 1 ∶（1.5~1.7）；糯米和水的比例为 1 ∶ 1.2。

2. 粥类的米水配置

粥类米水配置一般为粳米和水的比例为 1 ∶ 13，籼米和水的比例为 1 ∶（12~15），糯米和水的比例为 1 ∶ 10，根据个人的口感稀稠爱好适当增减水的比例。

3.2 饭粥熟制

米饭和米粥是人们日常三餐的主要食物之一，尤其在我国南方更是将饭粥作为主食来源之一。

米饭是用稻米加入一定量的水经蒸煮工艺制作而成的食物，常选用粳米制作。制作好的米饭要求米粒完全糊化，一粒一粒完全煮熟，不能有半生不熟、烧焦等现象。

米粥是指在多量的水中加入米或面，或在此基础上再加入其他食物或营养物质，煮至汤汁浓稠、米水交融状态的一类半流质食品。

3.2.1 米饭的熟制方法

（1）米饭的种类 根据用料大致可分为白米饭、糯米饭、杂粮米饭等。

（2）煮米饭的操作流程 将适量白米倒入淘米盆内→反复淘洗 2 次至干净→放入电饭锅内→加入白米量 1~1.2 倍的清水→加热至自动跳转至保温状态→保温状态焖制 5 分钟左右即成。

（3）煮米饭的注意事项

1）控制淘米的次数。淘米的时候只要清洗一两遍，就可以清除大米表面灰尘，次数多了容易造成水溶性营养素流失。另外，洗米不需要流水冲洗，用手轻轻淘洗就可以了。

2）注意加水量适当。煮饭时加水量要适当，否则煮出来的米饭要么太软，要么太硬。煮白米饭，米和水的比例一般是 1 ∶ 1.2 为好。

3）饭好后需焖制几分钟。饭蒸好后不要马上开锅，电饭煲跳档，虽然说明米饭已熟，还需在保温状态闷 5 分钟，断电后再继续闷几分钟，这样口感更好。

3.2.2 米粥的熟制方法

1. 米粥的种类

粥的种类很多，根据原料的不同可分为米粥、面粥、麦粥、豆粥、菜粥、花卉粥、果粥、乳粥、肉粥、鱼粥及食疗药粥等。在烹调上，一般将粥分为普通粥和花色粥两大类。其中，普通粥是指单用米或面煮成的粥，花色粥则是在普通粥的基础上，加入各种不同的配料，制成品种繁多，咸、甜口味均有的粥。以广式粥为例，常见的有鱼片粥、干贝鸡丝粥、肉丝粥等。

2. 米粥的制作方法

通常粥多采用煮法。花色粥的制作，还有以煮好的滚粥冲入各种配料调拌而成的方法，如生滚鱼片粥等。常用方法有如下两种。

（1）煮　先用旺火煮至滚开，再改用小火煮至粥汤浓稠。

（2）闷　用旺火加热至滚沸后，即倒入保温桶内，盖紧桶盖，闷约 2 小时即成。

3. 米粥制作的注意事项

（1）选用新米　新米胶质大、性黏，煮出来的汁液如乳，水米交融，甘香可口。陈年旧米煮出的粥则缺少米油，水米不易交融，口感发涩。淘净的新米最好用水泡过，让米粒充分吸收水分，煮出的粥又软又稠。绿豆、小豆、糯米、薏米、玉米等不易煮熟的原料，浸泡时间还要长一些。花样繁多的粥品，除了米，还有很多原料，都需精挑细选，如鱼嘴粥或鱼云粥应选用鳙鱼；皮蛋瘦肉粥选用猪里脊肉等。

（2）水量一次性加足　在制作粥时，应注意水要一次加足，一气煮成，才能稠稀均匀、米水交融。若配方中有不能直接食用的中药，则可先用中药煎取汤汁，再加入米或面煮粥；或先将中药研成粉末，再放入粥中同煮。若粥中的配料形体较大，应先进行刀工处理，再下锅煮制，以使粥稠味浓。

（3）火候的把握　先大火后小火。煮粥，初煮用大火，沸后改成小火，一直煮至水米交融。煮粥时最应该注意的是，防止粥油溢出锅外。粥油，也称米油、粥汁，是粥反复煮沸而浮在粥上面的浓稠液体，营养最为丰富，是粥的精华。

（4）熬粥器具选择　烹制粥膳时，尽量用稳定性较高的陶瓷或不锈钢锅具，不要使用铁或铝制等易氧化的器具。

技能训练 1　白米饭

白米饭是中国人日常饮食中的主食之一，南方人尤其好食。

1. 材料

粳米150克，饮用水150~180克，盐或熟花生油适量。

2. 工艺流程

淘米→加水→煮制。

3. 做法

1）淘米。将粳米放入淘米盆中，加入清水，用双手轻轻搓洗，一般不超过3次，以免米里的营养大量流失，蒸出的米饭香味减少。

2）加水。米和水的比例一般以1∶（1~1.2）为标准。

3）增香。如果是用陈米煮饭，可以加入少量的盐或晾凉的熟花生油，使煮好的白米饭粒粒晶莹剔透饱满，米香四溢。

4. 制作关键

1）制作米饭的稻米选择粳米为好。

2）洗米次数一般不超过3次，以免营养大量流失。

3）饭蒸好后不要马上开锅，保温状态闷5分钟，米饭口感更好。

5. 质量标准

色泽洁白，软硬适中，有弹性，米香醇厚，营养丰富。

技能训练2　南瓜饭

南瓜饭是黎族人的家常饭，也是招待客人的食品。黎寨流传着一首歌谣：“今日出门好运气，主人恰煮南瓜饭，味又香来色又美，诱得外人找上门。”南瓜饭营养价值很高，能清火去热。

1. 材料

南瓜320克，粳米250~280克，水260克，油5克，盐2克。

2. 工艺流程

炒南瓜→淘米→煮制。

3. 做法

1）南瓜去皮去瓤，洗净，切薄片备用。

2）锅烧热，放1小勺油，放入南瓜片，撒盐，微微翻炒1~2分钟，盛出。

3）粳米淘洗干净放入锅中，加水，平铺上南瓜，按煮饭键煮熟。

4）饭煮好后，拔掉电源，稍闷制2分钟左右，趁热快速将南瓜与米饭混合均匀。

4. 制作关键

1）粳米最好选用东北米，煮出来的饭粒饱满好吃。

2）煮饭时加入适量的油，饭粒更香更亮，口感更好。

3）南瓜本身有甜味，放入少许盐，口味会更丰富，南瓜的甜味也更加鲜明。

4）要把握好水的分量，太黏稠会影响南瓜饭的口感。

5. 质量标准

口感香软、滋味浓郁、色泽金黄、营养丰富。

技能训练 3　黑米糍饭

糍饭又称粢饭，安徽部分城市又称蒸饭。大饼、油条、豆浆和糍饭被称为江南早点的“四大金刚”，广泛流行于江苏省的扬州、盐城、泰州、南通，以及上海、浙江和安徽等地方。用糯米、黑米蒸制成饭，裹油条包捏而成，或加其他配料，如榨菜等，特点是软、韧、脆，边吃边捏，别具风味。

1. 材料

糯米 400 克，黑米 120 克，肉松、榨菜末、萝卜干各适量，油条 1/4 根。

2. 工艺流程

淘米→泡米→煮饭→加辅料成型→改刀。

3. 做法

1）黑米和糯米洗净后浸泡 2 小时。

2）放入电饭锅加入适量水煮成黑米饭。

3）在寿司帘上铺上一张保鲜膜，饭稍微晾凉后，铺平。

4）放上肉松、榨菜末、萝卜干，最后放上油条。

5）用手压紧油条，慢慢往上卷，两端用面杖按压实。

6）切成小段装盘。

4. 制作关键

1）黑米和糯米的比例一般为 1 ∶ 3，米和水的比例一般为 1 ∶ 2.5。

2）馅料不要太多，否则不易卷紧。

5. 质量标准

吃口软糯，营养丰富，经济实惠。

技能训练 4　扬州炒饭

扬州炒饭（如图 3-4）又名扬州蛋炒饭，是江苏扬州经典的小吃，原流传于当地民间，相传源自隋朝越国公杨素爱吃的碎金饭，即蛋炒饭。隋炀帝巡视江都（今扬州）时，随之也将蛋炒饭传入扬州，后经历代厨艺高手逐步创新，糅合进淮扬菜肴的“选料严谨，制作精细，加工讲究，注重配色，原汁原味”的特色，终于发展成为淮扬菜有名的主食之一。欧美、日本等地的扬州风味菜馆，也纷纷挂牌售此美食，颇受欢迎。

图 3-4　扬州炒饭

1. 材料

米饭（蒸熟晾凉的）1000 克，鸡蛋 500 克，猪肉 40 克，火腿 50 克，虾仁 5 克，干贝 15 克，香菇（鲜）25 克，鸭肫 30 克，海参（水发）25 克，冬笋 25 克，豌豆 25 克，鸡胸肉 50 克，黄酒 15 克，小葱 15 克，熟猪油（炼制）225 克，盐、淀粉各适量，鸡清汤 25 毫升。

2. 工艺流程

处理辅料→炒浇头→炒鸡蛋→炒饭→盛装。

3. 做法

1）虾仁洗净，加入适量蛋清、淀粉、清水搅匀上浆。

2）干贝用水浸泡，洗净；香菇去蒂，洗净；鸭肫洗净，煮熟；冬笋去皮，洗净煮熟；葱去根须，洗净，切末；鸡胸肉洗净，煮熟；豌豆煮熟。

3）将海参、鸡肉、火腿、鸭肫、香菇、冬笋、猪肉均切成小方丁。

4）鸡蛋磕入碗内，加盐适量、葱末 5 克，搅打均匀。

5）将锅置火上，舀入熟猪油 75 克烧热，放入虾仁滑熟，捞出。

6）锅中放入海参丁、鸡肉丁、火腿丁、干贝、香菇丁、冬笋丁、鸭肫丁、猪肉丁煸炒，加入黄酒、盐、鸡清汤 25 毫升，烧沸，盛入碗中作为什锦浇头。

7）锅置火上，放入熟猪油 150 克，烧至五成热时，倒入鸡蛋液炒散，加入米饭炒匀，倒入一半浇头，继续炒匀。

8）将炒饭的 2/3 分装盛入小碗后，将余下的浇头和虾仁、豌豆、葱末 10 克一起倒入锅内，同锅中余饭一同炒匀，盛放在碗内盖面即成。

4. 制作关键

1）蛋液下锅油温勿高，快速滑炒打散。

2）米饭下锅慢慢铲松不加水。

3）蛋炒饭切记不要放味精，放了味精就没有鸡蛋的鲜味了。

5. 质量标准

扬州炒饭选料严谨、制作精细、加工讲究，而且注重配色。炒制完成后，颗粒分明、软硬适中、光泽饱满、配料多样、鲜嫩滑爽、香糯可口。

技能训练5 白粥

白粥是广东省传统食品，别称斋粥、米皇。广东粥中将没有放佐料的粥称为白粥。上好的白粥，以丝苗米明火煮数小时而成，讲究的是软、绵、滑，能滋补元气、止泻、生津液、畅胃气，老幼皆宜。

1. 材料

丝苗米150克，清水2000毫升。

2. 工艺流程

淘米→煮粥。

3. 做法

1）取适量米，用清水淘洗两三遍。

2）锅中加入适量水（米为水的1/3，水不能超过锅的2/3），将米倒入锅中，盖好盖，切忌中途增减水。调匀火候，细煮慢熬。

3）水煮开后，将锅盖打开一条缝隙或全部打开，防止扑锅。

4）注意观察大米的形状变化，待大米膨胀变圆，水和米融合在一起变稠时，即可关火。

5）盖上盖子继续闷一会儿即可食用。

4. 制作关键

1）一定要一次加足水，中途再加水会影响粥的口感。熬粥时注意不要让粥汁溢出。

2）掌握煮粥的火候，先用大火煮开后赶紧改成小火。

3）不断搅拌，以防粘底。

4）冷水下米煮粥，能使米充分吸收水分，粥才会香软。

5. 质量标准

色泽洁白，浓郁香滑，水米交融，稠度适宜。

技能训练6 红豆粥

红豆粥是用红豆制作的营养粥。红豆亦称小豆、赤小豆等，是秋季成熟的常见杂粮。含有较多的膳食纤维，具有良好的润肠通便作用。

1. 材料

粳米 100 克，糯米 100 克，红豆 100 克，水 2250 克。

2. 工艺流程

泡红豆→煮红豆→加米→煮制。

3. 做法

1）准备好所有原料。

2）红豆洗净放适量水泡 5~6 小时。

3）把红豆放进锅里加水煮至八成熟，然后放入粳米、糯米，等米粒稍涨发，转至小火慢熬，待豆烂粥稠即可。

4. 制作关键

1）红豆一定要提前浸泡 5~6 小时，让其完全涨发开。

2）红豆提前煮至八成熟，否则与米的成熟度难以吻合。

3）熬制红豆粥时火不能太大，否则很容易烧干。

4）在熬制过程中必须经常用手勺搅动，防止粘底，导致粥煳。

5. 质量标准

香甜软糯，营养丰富。

技能训练 7 皮蛋瘦肉粥

皮蛋瘦肉粥（见图 3-5）是广东的传统粥，以切成小块的皮蛋及猪瘦肉为配料，加上香油，也有加葱花或薄脆等食物熬煮的，口感顺滑、营养丰富、味道鲜美，是一道广受欢迎的小吃。

图 3-5 皮蛋瘦肉粥

1. 材料

粳米 150 克，皮蛋 2 个，猪瘦肉 90 克，水 1650 克，盐 6 克，鸡精 8 克，料酒 8 克，淀粉 8 克，香油 2 克。

2. 工艺流程

泡米→煮粥→瘦肉腌制焯水→粥中加辅料→煮匀。

3. 做法

1）将粳米洗净，放入水中浸泡 30 分钟。

2）将泡过的粳米再度洗净，沥去水后倒入电饭锅中，加入纯净水适量，水量为米的 5~7 倍。

盖上锅盖，按下开关开始煮。

3）瘦肉浸泡出血水后，冲洗干净，切成1厘米见方的肉丁，放入适量盐、鸡精、料酒、淀粉，抓拌均匀后腌制10分钟。

4）皮蛋剥皮，切成小丁。

5）粥煮开后锅盖挪开一条缝隙避免扑锅，煮10分钟左右，至粥水渐浓后拿开锅盖不时用勺搅动。

6）另用一口煮锅，倒入少量水，煮开后下入猪瘦肉，用筷子拨散，煮至颜色变白。

7）捞出后用温水冲洗去浮沫，沥去水。

8）粥煮至完全熟透浓稠后，放入肉丁、皮蛋、适量盐、鸡精，再煮1分钟左右，用勺子不断搅动，放入香油，搅匀后盛出即可。

4. 制作关键

1）猪瘦肉事先用调料腌制一下有了咸鲜味，然后再煮口感较好。

2）如用明火煮，煮到浓稠时要用勺不时搅动，避免粘底。

3）煮肉丁时间较短，肉丁全部变白后即捞出，若时间长，肉的口感易老。

5. 质量标准

质地黏稠、口感顺滑、营养丰富。

技能训练8　八宝粥

八宝粥（见图3-6）由至少8种食材组成，性温，具有滋补身体的作用。一般以粳米、糯米或黑糯米为主料，再添加如绿豆、红豆、红扁豆、白扁豆、红枣、核桃仁、花生、莲子、桂圆、松子、山药、百合、枸杞子、芡实、薏米等熬制成粥。

图3-6　八宝粥

1. 材料

糯米100克，发好的莲子25克，核桃仁20克，红枣20克，玉米粒15克，红扁豆10克，白扁豆10克，青梅2克，桂圆肉10克，瓜子仁5克，白果10克，果脯15克，桂花酱5克，

红糖和白糖各 25 克，水 1500 克。

2. 工艺流程

处理辅料→煮糯米粥→加辅料→熬煮。

3. 做法

1）糯米用清水淘洗干净；红枣用清水洗净，剖开去核切成方丁；核桃仁用开水浸泡去皮，切成方丁；玉米粒用清水洗净，白扁豆洗净，装碗上笼蒸 5 分钟取出，去皮；青梅去核；白果去壳洗净；莲子去心；果脯切丁。

2）将淘洗好的糯米放入砂锅内，加清水熬煮，熬至糯米涨大。

3）将莲子、核桃仁、红扁豆、白扁豆、玉米放入，用小火熬至八成熟，再放红枣、青梅、果脯、桂圆、白果、桂花酱、红糖、白糖熬黏稠，最后放瓜子仁盛出。

4. 制作关键

1）选料要精，根据原料坚硬性质分时下锅。

2）水要一次加足，随时搅动，以免粘锅。

5. 质量标准

色泽鲜艳，软糯香甜，滑而不腻，营养丰富，老少皆宜。

复习思考题

1. 饭类的米水比例是多少？
2. 简述粳米的产地与特点。
3. 简述籼米和粳米的区别。
4. 煮米饭的注意事项有哪些？
5. 简述扬州炒饭的制作关键与特点。
6. 简述扬州炒饭的食材配料。
7. 米粥的种类有哪些？
8. 简述煮白粥时的制作关键。
9. 制作八宝粥时应该注意哪些方面？
10. 简述黑米糍饭的操作过程。

项目4

杂粮品种制作

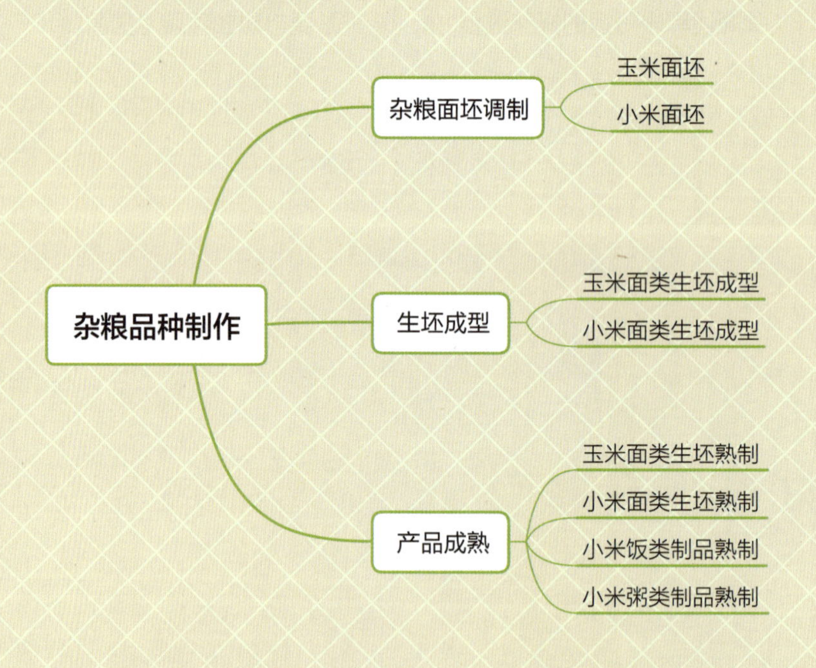
杂粮品种制作
杂粮面坯调制
玉米面坯
小米面坯
生坯成型
玉米面类生坯成型
小米面类生坯成型
产品成熟
玉米面类生坯熟制
小米面类生坯熟制
小米饭类制品熟制
小米粥类制品熟制

杂粮通常是指水稻、小麦以外的粮豆作物，主要有玉米、大豆、薯类、高粱、谷子、荞麦、燕麦（夜麦），以及菜豆（芸豆）、绿豆、小豆等品种。

杂粮制品有杂粮粥、杂粮饭、杂粮饮 3 种。杂粮粥如八宝粥、水果粥、五豆粥；杂粮饭如八宝饭、水果饭；杂粮饮如杂粮豆浆、核桃黑米露、南瓜汁等。

杂粮与细粮搭配食用，可以使日常饮食多样化，达到“粗细粮互补”，既能增加食物花样，又能增加营养。但粗粮在口感上不如细粮好，吃起来通常不像细粮那样滑润，习惯了精细口感食物的人可能会不习惯。如果粗粮细做，如把粗粮熬粥或者与细粮混起来吃，改变口味，巧变花样，不但好吃好看，而且营养会更全面。如用玉米面做粥；小米粉及山药粉混合煮成糊糊；小米粉、大豆粉加少量鸡蛋或奶粉做成好吃的小米粉窝头等。

4.1 杂粮面坯调制

杂粮面坯是指以除水稻、小麦以外的农作物或果实为主要原料，添加辅助原料调制而成的面坯，主要有玉米面坯、小米面坯等。

4.1.1 玉米面坯

1. 玉米

玉米又名玉蜀粒、棒子、苞谷、苞米、苞粟、玉茭，种类繁多，主要分为 5 类：第一类是我们常见的玉米，也就是普通玉米；第二类是口感比较香甜的甜玉米；第三类是口感比较黏的糯玉米；第四类是黑色玉米；第五类是高油玉米。

（1）普通玉米 普通玉米（见图 4-1）种植量很大，仅次于水稻和小麦，发源于美洲，后传到中国。普通玉米营养全面，含蛋白质、脂肪、碳水化合物、钙、磷、铁、胡萝卜素、维生素 B_1、维生素 B_2、烟酸、卵磷脂、维生素 E、赖氨酸等。

图 4-1 普通玉米

（2）糯玉米 糯玉米蛋白质含量高，富含维生素 A、维生素 B_1，淀粉含量高达 70%~75%，不适合糖尿病病人食用。糯玉米表面无光泽，胚乳淀粉全部由

支链淀粉组成，具有黏性，较适口。

（3）**甜玉米** 又称为水果玉米，是一种改良的鲜玉米，可以生吃，口感甜脆，营养价值高，颜色比较丰富，有紫色、鹅黄色，以及紫色和黄色相间的花色。

（4）**黑色玉米** 皮呈黑色，种植较少，营养价值很高，无论是氨基酸的种类还是微量元素的含量，都远远高于其他种类的玉米。

（5）**高油玉米** 籽粒含油量高，用于榨油。

2. 玉米面坯的调制

玉米面（见图 4-2）由普通玉米磨制而成，有粗细之分，一般有黄色和淡黄色，口感顺滑、筋道，有淡淡的玉米清香。玉米面含有丰富的营养素，按颜色来区分有黄玉米面和白玉米面。玉米面的做法很多，可以制作奶香窝窝头、玉米粥、玉米面菜饼子、玉米面菜团子等。纯玉米面口感粗糙，现代人较难接受，故目前一般用玉米面和面粉搭配来做，吃起来口感松软。

图 4-2 玉米面

玉米面因含支链淀粉多，黏性差，吸水慢，故调制面坯时一般调制成糊使用，另一种是与面粉或其他粉混合使用和成面坯。玉米面调制面坯时，一般需用沸水烫制，以增强黏性和便于成熟。因玉米面糊化温度为 62~70℃，也可用温度较高的热水调制，玉米面与面粉混合后，采用生物膨松法调制，可制成各种发酵面点。

4.1.2 小米面坯

1. 小米

小米又称粟米、稞子、秫子、黏米、白粱粟、粟谷，北方称谷子，谷子脱壳为小米，其粒小，直径 1 毫米左右。小米为禾本科植物粟加工去皮后的成品，起源于我国黄河流域，在我国有悠久的栽培历史，现主要分布于我国华北、西北和东北地区。

小米按米粒的性质可分为糯性小米和粳性小米两类。优质品种有山东省金乡县马庙镇的金米，色金黄、粒小、油性大、含糖高，质软味香；山东省章丘市龙山一带的龙山米，品质与金米相似，但其黏性和糖度高于金米；河北省蔚县桃花镇一带的桃花米，色黄、粒大、油润、适口、出饭率高；山西省沁县檀山一带的沁洲黄，圆润、晶莹、蜡黄、松软、甜香。此外，陕西延安等地所产的小米品质也很高。小米可以熬粥、蒸饭或磨粉制饼，也可与豆类或其他粮豆混合使用。

谷壳的颜色有黄色、白色、褐色等，其中红色、灰色的多为糯性，白色、黄色、褐色、青色的多为粳性。一般来说，谷壳色浅者皮薄，出米率高，米质好；而谷壳色深者皮厚，出米率低，米质差。我国北方许多妇女在生育后，都有用小米加红糖来调养身体的传统。小米熬粥营养丰富，有“代参汤”之美称。主要品种如下。

（1）**黄小米** 黄小米（图4-3）是常见的小米品种，有糯性、非糯性两种。非糯性黄小米以食用为主，煮粥不宜太稀薄，淘米时不要用手搓，忌长时间浸泡或热水淘米，可煮粥、蒸饭，磨成粉后与其他粉配合制作饼、丝糕、发糕等；糯性黄小米可酿酒、酿醋、制糖。

（2）**黑小米** 其支链淀粉含量比普通小米高，口感好，香味足，主要产于山西、陕北、内蒙古及甘肃河西地区。

（3）**白小米** 黏软爽口，米香浓郁，回味悠长，具有一定的去燥热、益气等功效。

（4）**绿小米** 吉林省国家级农业科技园区从谷子种质资源中选育出的独具特色的纯天然绿色小米谷子新品种，是十分珍贵的小米品种。

图4-3 黄小米

2. 小米面坯调制

小米粉质地细腻，黏性大，有一定的韧性，调制面坯时一般要进行熟制。具体方法是将小米粉倒入盆中，分几次倒入冷水与粉调制成湿块状，将粉块平铺在有屉布的笼屉内，上笼屉蒸熟。蒸熟的小米面坯可以直接蘸糖食用，也可作为面坯包上馅心，经油炸制成成品。常见的小米粉多由黄小米制成，可以制作黄米面年糕、黄米面炸糕。在调制时要选择干燥、新鲜的小米粉，避免用受潮发霉的小米粉，蒸制成熟的小米面坯在包馅炸制之前，应隔着屉布将面坯反复揉滋润，方可使用。

小米所含的氨基酸中，赖氨酸过低而亮氨酸过高，而大豆的氨基酸中富含赖氨酸，可以补充小米的不足，所以调制小米粉面坯时，最好和黄豆粉配合使用。

4.2 生坯成型

生坯成型是根据面点品种的形态要求，运用不同方法或借助不同工具，将面坯制成各种形态的面点成品或半成品的过程。成型是点心制作的重要组成部分，直接决定着面点成品的形态和质量。

4.2.1 玉米面类生坯成型

玉米粒（见图 4-4）晒干磨成粉称为玉米面，玉米面与水调制的面坯称为玉米面坯。玉米面韧性差，松散而发硬，不易吸潮变软。玉米面坯不管是糊浆状还是团状生坯，均没有韧性和延伸性，吸水较多且较慢，在调制玉米面生坯时需要给面坯足够的吸水时间。故玉米面坯成型手法一般比较简单，多采用直接压或捻的方法，具体做法是将面坯揉滋润后，分坯，搓圆，左手握住面坯，右手拇指和食指不断捻动，将面坯捻成一个带有小洞的生坯，或压成饼状，或搓成椭圆形，总之成型简单为上。

图 4-4 玉米粒

4.2.2 小米面类生坯成型

将小米面倒入盆中，分几次倒入冷水，将面调制成湿块状，将面块平铺在有屉布的蒸笼内，上笼蒸熟。可将揉匀揉透的面坯分成坯揉圆直接蘸糖食用，或利用模具做成各种图案，浇上咸口汁或甜口汁食用。也可包入馅心炸制。

技能训练 1 玉米面窝窝头

玉米面没有等级之分，只有粗细之别。其粉质不论粗细，性质随玉米的品种不同而有所差异。多数玉米面韧性差，松散而发硬，不易吸潮变软。玉米面调制面坯时，一般需用沸水烫制，以增强黏性便于成熟，因玉米面糊化温度为62~70℃，因此可用温度较高的热水调制。窝窝头（见图4-5）做法如下。

图4-5 窝窝头

1. 材料

精细玉米面400克，黄豆面100克，白糖75克，糖桂花10克，干酵母2克，小苏打2克，热水100克，温水15克。

2. 工艺流程

玉米面、黄豆面用热水烫制→加入小苏打、白糖拌匀→倒入糖桂花、温水、干酵母混合液→调制面坯→分坯→成型→蒸制→成品。

3. 做法

1）把玉米面、黄豆面用热水烫制后加小苏打、白糖混合拌匀。

2）干酵母用温水拌匀后，加入糖桂花成混合液。

3）将混合液倒入混合粉中，和成光洁的面坯。

4）盖上湿布，让面坯醒10分钟。

5）把面坯搓成长条，切成相同重量的小剂子。

6）拿一个小剂子，揉圆，捏洞，做成窝窝头，依次做好，放入笼中。

7）大火蒸10分钟即可。

4. 制作关键

1）分次加水，由于玉米面吸水慢，分次加水让其充分吸收。

2）掌握好水温，增加黏性。

3）因白糖的比例较大，加上黄豆面、玉米面的吸水性差，在和面时加水要慎重，面坯不可稀软，否则，成型后易塌。

4）成型时要蘸水多捻捏，方可使生坯光亮滑润，否则制品会粗糙。

5）适当使用小苏打，使成品口感更松软。

5. 质量标准

色泽鲜黄，形如塔状，上尖下圆，底有小洞。

技能训练 2 调制小米面类生坯

小米的糯性品种又称黄米，黄米磨成粉称为黄米面。黄米面与冷水调制成的面坯，再经蒸制成熟即为黄米面坯。黄米色黄、质感细腻、黏性大、有一定的韧性，可以进一步加工成高档宴席点心。

1. 材料

黄米面 500 克，水 200 克。

2. 工艺流程

黄米面＋水→和成湿块状→上笼蒸半小时→揉光。

3. 做法

1）黄米面加水和成湿块状。

2）沸水上笼蒸半小时至熟。

3）取出倒入盆中，用手沾凉开水趁热压匀揉光。

4. 制作关键

1）黄米面要保持干燥、新鲜，避免用受过潮的黄米面。

2）用水把黄米面拌和成块时，要注意控制水量。

3）蒸熟后的黄米面，要反复揉匀揉透后再包馅。

5. 质量标准

面坯软硬适中，便于成型；口感细腻，色泽诱人。

4.3 产品成熟

4.3.1 玉米面类生坯熟制

玉米面韧性差且发硬，不易吸潮变软。玉米面类制品熟制方法大致有蒸、烙、贴、烤、煎等几种。蒸是玉米面坯常用的熟制方法，一般有水锅蒸制和锅炉放蒸汽蒸制两种方法。蒸出的玉米面制品松软香甜；烙出的玉米面制品一面松软一面香脆；烤出的玉米面制品具有脆韧可口的特点。水锅蒸制的方法如下。

1. 工艺流程

水锅烧沸（加热）→放上生坯（加热）→成熟。

2. 制作关键

1）开水上笼，盖严笼盖，提高笼内温度，缩短成熟时间。

2）保持锅内正常水量，有利于充足产生蒸汽。

3）适当把握生坯入锅数量，保证成品质量。

4）根据原料特性，掌握恰当的成熟时间。

5）一锅一换水，保证制品质量。

4.3.2 小米面类生坯熟制

小米磨成的粉称为小米面。小米面与水调制的面坯称为小米面坯，熟制方法主要有贴、摊、蒸、煎、炒、复合熟制等方法。

4.3.3 小米饭类制品熟制

小米饭是一道以小米为主要材料，加入一定比例大米制作而成的粗粮，别称黄米饭。功效主要有开肠胃、补虚损、益丹田等，适合气血亏损、体质虚弱者，以及产后乳少、产后虚损的产妇等食用。

小米饭熟制可采用蒸、煮、焖等方法，主要做法是将小米和大米用清水淘洗干净，再放入香油、盐、鸡清汤和适量清水混合均匀后放入电饭煲中蒸熟即可。

4.3.4 小米粥类制品熟制

1. 各类小米粥制法

小米粥是以小米作为主要食材熬制而成的粥，口味清淡，味清香，简单易制，健胃消食。小米与其他原料一起熬制，营养丰富又味美可口，但要注意下料顺序，不可同时下锅。

（1）小米粥中放豌豆　小米煮开 5 分钟左右，再放入豌豆，也可根据个人爱好，放少许胡萝卜，小火慢炖。

（2）小米红枣雪梨粥　小米和红枣放入沸水锅中，先用大火煮沸，转小火熬至黏稠，加入切成小块的雪梨再煮 10 分钟即可。

（3）红枣小米豆浆　黄豆和小米浸泡 1 晚，加入去核的红枣和水，放入豆浆机中打浆

即可。

2. 熬小米粥注意事项

1）要选择新鲜的小米，不能是陈米，否则味道会差很多。

2）水开时再下米，先大火熬 8~10 分钟，然后中小火熬 15~20 分钟。

3）不能偷懒，刚下米要搅一下锅，防止煳底，小火熬时尽量少揭锅盖，为防止溢锅，锅盖可留条缝。

4）锅中放足量水，不可中途加水，水一般是食材的 15~20 倍。水质不好的地区可以用纯净水。

5）有些地区喜欢加食用碱让粥更软烂，但食用碱会破坏小米的营养，最好不加。

6）米煮成花状更可口。

技能训练 1　玉米面发糕

1. 材料

黄玉米面 300 克，干酵母 10 克，白砂糖 150 克，小苏打 3 克，温水 250 克，大枣（去核）10 颗。

2. 工艺流程

玉米面 + 干酵母 + 温水→和面→发酵→加白砂糖 + 小苏打→和面→醒面→蒸制→改刀。

3. 做法

1）将玉米面放入盆内，加干酵母和适量温水，拌和均匀静置发酵。

2）待面发酵好后，放入白砂糖、小苏打揉匀，稍醒一会儿。

3）笼屉内铺上湿屉布，将醒好的玉米面坯倒入屉内，铺平，糕面上放上大枣，用旺火蒸约 15 分钟。

4）将蒸好的发糕放案板上，晾凉，切成 6 厘米见方的块。

4. 制作关键

1）玉米面要发足。

2）因玉米面发酵时间较长，会产生一些酸味，故一定要加小苏打中和。

3）发酵好的玉米面坯倒入蒸屉时，屉布上要刷油。

4）蒸好的发糕改刀前一定要晾凉。

5. 质量标准

发糕口感松软，有弹性，味甜香，枣香扑鼻，造型完美。

技能训练 2　玉米面锅贴（煎）

玉米面锅贴是一道粗粮细做的主食，营养丰富，味道可口。

1. 材料

玉米面 200 克，干酵母 5 克，泡打粉 3 克，绵白糖 20 克，小苏打 2 克，色拉油适量。

2. 工艺流程

和面→成型→蒸制→煎制。

3. 做法

1）所有材料放一起加温水和匀，揉光滑。

2）将面坯切成 70 克的小面坯，擀成椭圆形长条后卷起。

3）收口朝下，两头捏尖。

4）醒发至两倍大，大火蒸 10 分钟即可取出。

5）锅中放油，中小火煎至一面金黄，装盘。

4. 制作关键

1）玉米面要发足。

2）面坯擀成椭圆形长条后卷起时要卷紧，收口处要粘牢。

3）生坯做好后一定要再次醒发。

4）油煎只煎底面。

5. 质量标准

面松软，底香脆，色泽诱人，口感甜香。

技能训练 3　玉米面饼（烙）

玉米面饼（见图 4-6）营养丰富，香脆可口，是人们常食用的主食。

图 4-6　玉米面饼

1. 材料

玉米面 200 克，面粉 200 克，鸡蛋 1 个，白砂糖 50 克，干酵母 6 克，温牛奶 150 克，沸水 200 克。

2. 工艺流程

烫玉米面→加辅料→发酵→烙制。

3. 做法

1）玉米面用沸水烫制成雪花状。

2）将蛋液搅匀，倒入装着玉米面的碗里，再倒入温牛奶、白砂糖、干酵母，边倒边搅拌。

3）面糊搅拌至没有颗粒，用勺子舀起往下倒时，刚好能形成一条不间断的线即可。

4）盖上盖子常温发酵 1 小时。

5）发好的面糊用勺子搅拌，把里面的气泡排出去。

6）起锅不用放油，直接放入面糊，一勺一个饼坯，一锅 3 个。

7）饼冒起小气泡时，轻轻翻面，再烙 2 分钟至两面微黄即可。

4. 制作关键

1）一定要用沸水烫玉米面，增加黏性。

2）调制玉米糊时一定要注意面糊的稀稠度。

3）发酵好的面糊要排出气体。

4）烙制时火不能太大。

5）烙制时注意随时翻面。

5. 质量标准

色泽金黄，口感香脆，味道甜美，老少皆宜。

技能训练 4　小米面红枣发糕（蒸）

1. 材料

小米面 200 克，面粉 300 克，干酵母 6 克，沸水 100 克，温水 250 克，红枣（去核）10 颗，花生油适量。

2. 工艺流程

小米面加沸水→烫面→加面粉、干酵母、温水→和面→发酵→加红枣→蒸制。

3. 做法

1）小米面用沸水烫制，晾凉。

2）将小米面和面粉混在一起。

3）再加入干酵母，倒入温水，揉成较软的面坯。

4）在面坯表面抹上花生油，静置发酵。

5）在发酵好的面坯上放入红枣丁。

6）把面坯放入冷水锅中，蒸40分钟左右即可食用。

4. 制作关键

1）小米面黏性差，必须用沸水烫制，让淀粉糊化，增加黏性。

2）烫制后的小米面必须冷却后方能与面粉混合。

3）小米面持气能力差，发酵时间较长，故面坯表面抹上花生油，既可防止干裂，也可缓解气体的散失。

4）为了进一步发酵，冷水下锅蒸制为好。

5. 质量标准

糕体松软，口味甘甜，有小米特殊的香味，红枣排列整齐，形状完美。

技能训练5　黄米面炸糕

1. 材料

黄米面300克，糯米粉100克，绵白糖100克，干酵母5克，糖桂花3克，豆沙馅150克，沸水100克，温水200克，色拉油适量。

2. 工艺流程

黄米面加糯米粉拌匀→加沸水烫粉→加白糖、干酵母、糖桂花、温水→和成团→包馅成型→炸制。

3. 做法

1）黄米面与糯米粉混合拌匀。

2）将沸水倒入混合粉中，拌成雪花状。

3）加入白糖、干酵母、糖桂花、温水，和成面坯，静置发酵。

4）将面坯揉匀，下成每个约60克的剂子，揉成团，按成皮，放上豆沙馅，旋转圆皮逐渐把馅包住，揪去收口处的面头，放在湿布上按成饼状。

5）入六成热油锅炸成金黄色。

4. 制作关键

1）黄米面和糯米粉一定要用沸水烫成雪花状，增加黏性。

2）烫过的混合粉一定要冷却后方能加其他配料和成面坯。

3）包馅后收口一定要收紧，防止炸后露馅。

4）油炸时控制好油温，且要不断翻动，防止粘底。

5. 质量标准

色泽金黄，口感外酥里糯，有黄米的香气，味道甜美。

技能训练 6 韭菜鸡蛋炒小米

1. 材料

小米 100 克，韭菜 250 克，鸡蛋 2 个，盐 3 克，色拉油适量。

2. 工艺流程

煮小米→韭菜切段、鸡蛋打散→炒制。

3. 做法

1）把小米放入开水锅中煮 5 分钟左右后捞出晾干。

2）韭菜洗净切段；鸡蛋打散，加盐调味。

3）炒锅加油烧热，放入蛋液炒至凝固后盛出。

4）锅中加入小米炒散后加炒好的鸡蛋和切好的韭菜，翻炒均匀，加盐调味即可。

4. 制作关键

1）小米一定要先煮熟，否则与韭菜的成熟度不一致。

2）韭菜洗净后要沥干水分，切成 2 厘米长的小段。

3）鸡蛋一定要先炒熟成块，否则影响造型。

4）调味为咸鲜口。

5. 质量标准

口味咸鲜，米香四溢，色彩和谐，菜点结合。

技能训练 7 小米饭

1. 材料

小米 200 克，大米 100 克，盐 2 克，香油 3 毫升。

2. 工艺流程

淘米→加辅料→煮制。

3. 做法

1）大米、小米都淘洗干净，放入电饭锅，加入其他材料和适量水。

2）煮熟后再闷 5 分钟即可。

4. 制作关键

1）小米比较硬，煮前要先泡 20 分钟左右。

2）为保证口感，小米与大米的比例以 2 ∶ 1 为宜。

3）根据需要决定加水量，一般米与水比例以 1 ∶ 1.5 为宜。

5. 质量标准

色泽白黄相间，口感软糯，软硬适当。

技能训练 8　南瓜燕麦小米粥

1. 材料

南瓜 200 克，小米 80 克，燕麦 30 克，清水 1000 克，冰糖 15 克。

2. 工艺流程

南瓜切块→燕麦、小米洗净→加冰糖煮制。

3. 做法

1）将南瓜洗净，去皮，切成块状。

2）燕麦、小米清洗干净。

3）将南瓜、燕麦、小米都放到电饭锅中，加入清水，再加冰糖，开启煮粥模式。

4）炖煮好即可。

4. 制作关键

1）南瓜改刀时要切得小一些，一口大小为宜。

2）水量一定要一次性加足。

5. 质量标准

原料配比合理，米粥浓稠，香甜可口。

技能训练 9　红糖南瓜小米粥

1. 材料

南瓜 50 克，小米 30 克，红糖 10 克，清水 200 克。

2. 工艺流程

南瓜切块→蒸熟、压泥→煮小米粥→加南瓜泥、红糖。

3. 做法

1）将南瓜清洗好去皮，切成小块。

2）将南瓜放入笼中蒸熟。

3）将蒸熟的南瓜压成泥备用。

4）将小米洗净，放入沸水锅中煮20分钟成小米粥。

5）将南瓜泥倒入煮稠的小米粥里搅匀。

6）加入红糖调味。

4. 制作关键

1）水烧沸后再加洗净的小米，煮成粥。

2）南瓜一定要蒸熟，否则成熟度不一致。

5. 质量标准

细腻浓稠，口味甘甜。

技能训练 10 玉米面馒头

玉米面馒头（见图4-7）用面粉和玉米面制成，常用作主食。

图4-7 玉米面馒头

1. 材料

面粉500克，玉米面300克，干酵母8克，白糖10克，温水400克。

2. 工艺流程

和面→揉面→发酵→成型→蒸制。

3. 做法

1）玉米面、面粉放进面盆里，加入干酵母、白糖、温水和匀。

2）将面坯揉匀揉光滑。

3）盖上保鲜膜，放在25℃的常温中发酵20分钟。

4）将发酵好的面坯取出来，揉匀排气，分成均匀的小坯子。

5）再将每个坯子揉圆，盖上布，发酵20分钟左右。

6）放入蒸笼，开水上锅，大火蒸 20 分钟。

4. 制作关键

1）面粉与玉米面的比例要适当。

2）干酵母要用温水和匀，不能用烫水。

3）和好面放到温暖的地方醒发。

4）上锅前要再次醒发 20~30 分钟。

5. 质量标准

色泽金黄，营养丰富，口感略粗糙。

技能训练 11　小米面窝窝头

小米面窝窝头既可以作为正餐，也可以作为零食。

1. 材料

小米面 200 克，面粉 150 克，糖 50 克，干酵母 5 克，泡打粉 2 克，牛奶适量。

2. 工艺流程

和面→分坯→成型→蒸制。

3. 做法

1）小米面加入面粉、糖、干酵母、泡打粉拌匀。

2）加入适量牛奶和成面坯，静置 20 分钟。

3）将面坯分成小块，揉圆备用。

4）双手配合捏出窝头状。

5）底部留个小洞，放入蒸笼。

6）开水上蒸锅，大火蒸 20 分钟。

4. 制作关键

1）面粉与小米面的比例要适当。

2）和成面坯以后静置 20 分钟。

3）开水上锅蒸。

5. 质量标准

营养丰富，口感略粗糙。

技能训练 12　红豆莲子小米饭

红豆莲子小米饭有开胃、补虚损、益丹田等效果，适宜气血亏损、体质虚弱者，以及产

后乳少、产后虚损的产妇等食用。

1. 材料

小米 80 克，猪油 10 克，冰糖 50 克，莲子 20 克，红豆 20 克，红枣、橄榄油各适量。

2. 工艺流程

泡米→碗中刷油→成型→蒸制→扣盘。

3. 做法

1）小米提前浸泡半小时，红豆、莲子提前浸泡 1 小时。

2）碗里面刷一层橄榄油。

3）加入涨发好的莲子和红枣，加几颗冰糖。

4）放入小米，加适量水，再放几块冰糖，放入红豆，加猪油。

5）放蒸锅内蒸，大火上蒸汽后，转成小火蒸 30 分钟，直至小米饭蒸熟。

6）倒扣在盘内就可以食用了。

4. 制作关键

1）小米一定要事先浸泡，但时间也不宜过长。

2）莲子、红豆也要事先浸泡，发透为好。

3）给蒸制的碗刷油时一定要刷匀，防止脱模时难脱。

4）蒸制时一定要蒸熟蒸透。

5. 质量标准

色泽金黄，口感甜美香糯。

技能训练 13　山药小米粥

小米粥加上补脾胃的山药，既好吃又营养。

1. 材料

小米 100 克，铁棍山药 150 克，红枣 9 颗。

2. 工艺流程

材料处理→煮粥。

3. 做法

1）将红枣洗净，用水浸泡 30 分钟；山药洗净，去皮，切成片状；小米淘洗干净。

2）锅里放水，把红枣、小米、山药放入锅中。

3）盖上锅盖，普通锅煮 30 分钟（电饭锅调到煮粥档位）即可。

4. 制作关键

1）煮粥时要冷水下锅，否则米不易煮烂。

2）水开前要用勺子经常搅拌，否则煮好的粥无浆，特别稀。

5. 质量标准

色呈黄色，质感润滑，有小米的淡香味。

技能训练 14　小米面馒头

用白面和小米面制作的馒头口感不会太粗糙，而且营养丰富。

1. 材料

面粉 200 克，干酵母 3 克，奶粉 10 克，小米面 100 克，糖 10 克，泡打粉 1 克，水 170 克。

2. 工艺流程

和面（分次加水）→揉面→醒面→成型→醒发→蒸制。

3. 做法

1）将除水之外的材料混合均匀。

2）加入 170 克水，根据揉面的程度分次添加。

3）把面揉匀，包上保鲜膜醒发 1 小时左右，醒发至原体积的 2 倍大。

4）将面揉至气体排净，搓成长条状，揪成大小均匀的剂子，揉成馒头生坯。

5）再次醒发 15~30 分钟。

6）锅中加入适量凉水，将笼布浸透稍拧一下水，放上笼屉铺好，放入馒头生坯，盖上锅盖。

7）大火蒸至锅上蒸汽，再蒸 15 分钟关火，闷 3~5 分钟开锅。

4. 制作关键

1）面粉与小米面的比例可根据个人口味调配，1 ∶ 1 或 2 ∶ 1 都可以，后者更常见。

2）面坯要比平时蒸白馒头的面坯要硬，否则醒发后的面会太稀，蒸出的馒头不易成型。

3）做好的成品应尽快吃完，否则容易干裂。

5. 质量标准

口感松软，营养丰富，利于消化。

技能训练 15　小米面发糕

1. 材料

普通面粉 200 克，小米面 100 克，干酵母 1.5 克，温水 175 克。

2. 工艺流程

和面→醒面→轻揉排气→二次发酵→蒸制→切块。

3. 做法

1）所有材料混合揉成面坯，醒发。

2）发酵好的面坯轻揉排气。

3）二次发酵至原体积的 2 倍大。

4）上蒸锅蒸 20 分钟关火，闷 5 分钟后取出发糕。

5）晾凉切块装盘。

4. 制作关键

1）用 35℃左右的温水化开干酵母和面，若水温度太高，酵母会失去活性。

2）置于温暖处发酵，有的烤箱带发酵功能，放烤箱里发酵最好，膨大到原体积的 2 倍就可以了。

3）冷水上屉蒸，面糊上盖硅油纸，避免锅盖的蒸汽冷凝水落入生坯内。蒸好后别急着开盖，闷 5 分钟再开盖，以免塌陷。

5. 质量标准

暄软膨松，孔多如蜂窝，具有独特清香味。

复习思考题

1. 杂粮与细粮搭配使用的特点有哪些？
2. 简述玉米面坯的调制步骤。
3. 简述水锅蒸制的操作流程及制作关键。
4. 熬小米粥的诀窍有哪些？
5. 小米面馒头制作中有哪些制作关键？

模拟题

一、单项选择题（请将正确选项的代号填入题内的括号中）

1. 用炸炉炸制面点时，要根据生坯的质地和成品的特点调节（　　）的高低。
   A. 油量　B. 油质　C. 油温　D. 油色
2. （　　）即传统明火蒸煮灶。
   A. 蒸箱　B. 蒸汽压力锅
   C. 电烤箱　D. 燃气蒸煮灶
3. 热水面坯主要是淀粉遇热（　　）和蛋白质变性吸水而形成的。
   A. 糊化　B. 碳化　C. 膨化　D. 胀化
4. 调制温水面坯的水温以 50~60℃为宜，水温过高时面坯就会过黏而无（　　）。
   A. 筋力　B. 膨松　C. 抻力　D. 张力
5. 热水面坯蛋白质完全热变性，所以面坯不能生成（　　）。
   A. 面筋　B. 软性　C. 柔性　D. 黏性
6. 用和面机和面，待面坯调制均匀后，（　　）再取出面坯。
   A. 关闭机器后　B. 在机器运转时
   C. 加入水后　D. 机器减速时
7. 糯米又称（　　），主要产于江苏南部、浙江等地。
   A. 籼米　B. 粳米　C. 机米　D. 江米
8. 煎的传热形式是（　　）。
   A. 对流　B. 传导
   C. 对流与辐射　D. 对流与传导
9. 在面点炸制中高油温是指（　　）成热的油温。
   A. 3~4　B. 4~5　C. 5~6　D. 7~8
10. 炸是将成型的面点生坯，放入（　　）的油锅中，利用油的热对流作用使生坯成熟的工艺。
    A. 120℃　B. 130℃　C. 一定温度　D. 150℃
11. 压面机在使用前应注意（　　）。
    A. 检查各零件装置是否妥当　B. 注意开关情况
    C. 电流、电压是否合乎要求　D. 以上三种都是

12. 下列对酵母发酵面坯发酵时间过长表述错误的选项是（　　）。
    A. 面坯膨胀好　　B. 面坯的质量差
    C. 成品软塌不暄　　D. 有老面味
13. 粳米硬度高，黏性大于（　　），而涨发性小于籼米。
    A. 糯米　　B. 籼米　　C. 紫米　　D. 大米
14. 在烤制工艺中，有的品种需要运用（　　）的温度调节方式。
    A. 先低后高　　B. 先高后低
    C. 先低后高再低　　D. 先高后低再高
15. 面点生坯进入烤炉内受到高温烘烤，淀粉与（　　）发生重要的物理、化学变化。这些变化即是面点变熟的原理。
    A. 脂肪　　B. 面粉　　C. 矿物质　　D. 蛋白质
16. 一旦发现燃气泄漏，应马上（　　）。
    A. 开窗通风　　B. 立即离开
    C. 打开燃气　　D. 查看情况
17. 刷洗案台的污水、污物应（　　），最后用干净的抹布将案台擦拭干净。
    A. 抹入水盆中倒掉　　B. 直接抹到地面上
    C. 用海绵吸干水分　　D. 用净水冲净
18. 米粉面坯主要是用（　　）、粳米粉、籼米粉加水调和成的面坯。
    A. 豆粉　　B. 小米粉　　C. 糯米粉　　D. 玉米粉
19. 米粉面坯按性质可分为（　　）、米粉类品种和发酵米浆面坯。
    A. 粳粉面坯　　B. 籼米面坯
    C. 糯米面坯　　D. 米糕面坯
20. 标准粉适宜制作（　　）等食品。
    A. 宴会点心　　B. 烙饼、烧饼
    C. 酥盒子　　D. 面包
21. 用糯米粉与粳米粉一起制作面点时，粳米粉占（　　）为宜。
    A. 60%~80%　　B. 50%~70%
    C. 40%~60%　　D. 20%~40%
22. 用米粉与杂粮粉一起制成的成品具有杂粮的天然色泽和香味，口感（　　）。
    A. 软糯适口　　B. 柔软松发
    C. 松发、清润　　D. 松酥、香甜
23. 用澄粉面坯制作点心时，一般是（　　）再包馅蒸制。
    A. 以手捏皮　　B. 以手压皮

C. 以刀压皮　　D. 以手拍皮

24. 下列错误的操作是（　　）。

A. 用手直接向绞肉机送料　　B. 切断电源对机器进行清洗

C. 机器有异常响动马上停机　　D. 将骨头剔除干净再绞馅

25. 面粉根据含（　　）的多少，可分为高筋小麦粉、中筋小麦粉、低筋小麦粉。

A. 淀粉　　B. 脂肪　　C. 矿物质　　D. 蛋白质

26. 特制面粉具有弹性大、（　　）好、可塑性强的特点。

A. 拉力　　B. 韧性　　C. 伸展性　　D. 延伸性

27. 水调面坯一般是指面粉加（　　）调制的面坯。

A. 汤　　B. 水　　C. 油　　D. 糖

28. 调制冷水面坯注意事项之一是（　　）和水的温度恰当。

A. 加水比例　　B. 面粉的质量

C. 面粉的量　　D. 面粉的品种

29. 搓条操作时，将醒好的面坯切（　　），然后用双手掌根将面坯搓成粗细均匀的圆形长条。

A. 方块　　B. 小丁　　C. 长方片　　D. 长条状

30. 制皮常用的方法有（　　）等。

A. 切皮、擀皮、拍皮、捏皮、搓皮

B. 切皮、擀皮、拍皮、按皮、摊皮和压皮

C. 按皮、擀皮、拍皮、捏皮、摊皮和压皮

D. 按皮、切皮、拍皮、捏皮、摊皮和压皮

31. 搓条，需双手（　　）坯料，同时将其抻长或者搓上劲。

A. 拉动　　B. 搓动　　C. 拌动　　D. 揉动

32. 捏皮的要领是：要用手将面坯反复捏匀，使其（　　）而无法包馅。

A. 平整　　B. 厚薄均匀　　C. 呈碗状　　D. 不致裂开

33. 下列以水为传热介质的面点技法是（　　）。

A. 蒸　　B. 煮　　C. 烙　　D. 煎

34. 对于较粗的剂条，宜采用（　　）的下剂方法。

A. 挖剂　　B. 拉剂　　C. 切剂　　D. 利剂

35. 烤炉的底火主要用于烤制制品（　　），形成色泽和质感。

A. 内质　　B. 质量　　C. 底部　　D. 外部

36. 烤箱的温度在（　　）时称为微火，适宜烤制酥条、桃酥等品种。

A. 140~170℃　　B. 200~210℃

C. 220~230℃　　D. 230~240℃

37. 制作面包用的面粉应选含筋量（　　）的为宜。

A. 7%~8%　　B. 8%~9%

C. 9%~10%　　D. 13%~25%

38. 水调面坯根据水（　　）的不同，一般可分为冷水面坯、热水面坯、温水面坯。

A. 温度　　B. 质量　　C. 湿度　　D. 矿物质含量

39. 用玉米面与水调制的面坯称为（　　）。

A. 粳米粉面坯　　B. 籼米粉面坯

C. 玉米面坯　　D. 末浆粉面坯

40. 小米面坯是将小米面先用水和成块，然后（　　）。

A. 上笼蒸熟，揉匀揉透　　B. 直接揉成团

C. 直接成型　　D. 不可以反复揉

41. 玉米面的特点是（　　）差。

A. 弹性　　B. 韧性　　C. 延伸性　　D. 以上都是

42. 小米面一般指（　　）加工而成的粉。

A. 粳米　　B. 糯米　　C. 黄小米　　D. 籼米

43. 玉米面因没有韧性，故在调制面坯时，常常需要（　　）。

A. 用冷水和制　　B. 用开水烫制

C. 加点油　　D. 多加水

44. 烤制浆皮类制品的面火应略（　　）底火，并要求炉温恒定。

A. 高于　　B. 小于　　C. 多于　　D. 少于

45. 电烤箱安全操作程序是（　　），取出成熟制品，关闭电源开关。

A. 接通电源，打开开关　　B. 设定底面火温度

C. 烤制产品　　D. 以上都是

46. 冷水面坯的特点是色泽洁白、（　　），有弹性、韧性和延伸性。

A. 爽滑筋道　　B. 口感软糯　　C. 色泽较暗　　D. 黏性大

47. 先用部分沸水将面粉烫至半熟，再加适量冷水将面和成有糯性、柔软光洁的面坯，行业里称为（　　）。

A. 烫面　　B. 半烫面　　C. 三生面　　D. 水面

48. 生物膨松面坯中保持气体能力的是（　　）。

A. 脂肪　　B. 酵母　　C. 糖类　　D. 面筋

49. 发酵面坯中的产气性能是由面粉中的（　　）和活性决定的。

A. 面筋的含量　　B. 淀粉酶活性

C. 面筋的质量　　D. 淀粉和淀粉酶含量

50. 烤制要求表面色白的品种，应用（　　）的温度烤制。

A. 面火大、底火大　　B. 面火大、底火稍小

C. 面火小、底火稍大　　D. 面火小、底火稍小

51. 米粉中的淀粉在加（　　）时不能吸水膨胀产生黏性。

A. 热水　　B. 冷水　　C. 沸水　　D. 温水

52. 液化石油气灶点火时（　　）执行火等气的原则，千万不可气等火。

A. 可以　　B. 必须　　C. 马上　　D. 暂时

53. 燃气灶具发生回火时，应关闭灶具气源，（　　）再点火。

A. 调大风门　　B. 调小风门

C. 调大进气量　　D. 调小进气量

54. 使用电烤箱烤制时，（　　）灯亮起后，再设定底面火温度。

A. 红色　　B. 蓝色　　C. 绿色　　D. 黄色

55. 在用力大或频繁摩擦的加工制作中宜使用（　　）炊具。

A. 不锈钢　　B. 铝合金　　C. 铸铁　　D. 陶瓷

56. 用炸炉炸制面点时，应先（　　）再开启电源。

A. 和好面　　B. 放入油

C. 搞好卫生　　D. 制好生坯

57. 冷藏柜的温度范围一般为（　　）。

A. 1~3℃　　B. 3~5℃　　C. 5~6℃　　D. 0~5℃

58. 炸制法的热传递是热（　　）。

A. 对流　　B. 辐射　　C. 传导　　D. 传播

59. 水煎包是将包子生坯直接码放在（　　）上。

A. 蒸锅　　B. 气锅　　C. 煸锅　　D. 平锅

60. 对于老酵面坯叙述错误的是（　　）。

A. 带有“老面味”　　B. 面坯的质量差

C. 熟后成品软塌不暄　　D. 面坯膨胀好

61. 玉米面坯制品，一般用（　　）、贴、烙等熟制方法。

A. 蒸　　B. 捏　　C. 炒　　D. 叠

62. 在黑米品种中，名为“黑珍珠”的黑米产地是（　　）。

A. 江苏常熟　　B. 广西东兰

C. 云南丽江　　D. 陕西洋县

63. 吃水不准是造成热水面坯成品（　　）的原因。

A. 表面粗糙　　B. 内部粗糙
C. 表面过细　　D. 结成疙瘩

64. 米中黏性最强的是（　　）。
A. 粳米　　B. 糯米　　C. 香米　　D. 籼米

65. 制作饭皮面坯，搓擦时手应适当沾些凉开水，因为（　　）。
A. 温度太高　　B. 饭粒太硬
C. 饭粒太黏，不易操作　　D. 饭粒不黏，不宜操作

66. （　　）适合制作烙饼。
A. 热水面坯　　B. 温水面坯
C. 冷水面坯　　D. 冰水面坯

67. （　　）是违反设备安全操作规程的错误做法。
A. 切断电源后用干净抹布清理烤箱
B. 密封的食品打开后再放入微波炉加热
C. 使用绞肉机加工肉馅时，把骨头剔除干净
D. 将手伸入运转的机械面桶中处理物料

68. 烫面炸糕是用（　　）面坯制作的。
A. 冷水　　B. 热水　　C. 温水　　D. 冰水

69. 将小米（　　）后加适量水蒸小米饭、煮小米粥味道更好。
A. 晒干　　B. 浸泡　　C. 晾干　　D. 冷冻

70. （　　）中灰粉含量最高。
A. 特制粉　　B. 标准粉　　C. 普通粉　　D. 富强粉

71. 面筋在发酵面坯中可起到支撑骨架作用，使制品（　　）并富有弹性。
A. 整齐　　B. 成型　　C. 绵软　　D. 美观

72. 卷的要点是要（　　）而不实，卷筒要粗细均匀。
A. 松　　B. 紧　　C. 散　　D. 乱

73. 冷水面坯醒面的目的是使面坯（　　）。
A. 便于成型　　B. 更软
C. 防止面干裂　　D. 更好生成面筋网络

74. 热水面坯成品表面粗糙的原因之一是面坯（　　）。
A. 吃水不准　　B. 热水没浇匀
C. 热气没散尽　　D. 以上都是

75. 揉面一般采用（　　）。
A. 用劲揉

B．双手揉、单手揉两种，一般采用双手揉

C．双手揉

D．单手揉

76．揉面的要领是（　　）。

A．用劲揉

B．轻轻揉

C．揉成团即可

D．要用巧力揉，要揉“活”，讲究顺序及时间

77．第一次使用电子秤，当电源开启时，请勿将物品放置在秤盘上，使用前（　　）。

A．直接使用　　B．先热机 3 分钟

C．先热机 10~15 分钟　　D．擦擦灰即可

78．使用电子秤时，一定要（　　）。

A．放置在平整干燥的地方　　B．好用即可

C．顺手用即可　　D．以上都是

79．量杯通常有塑料、（　　）、不锈钢 3 种。

A．陶瓷　　B．玻璃　　C．硅胶　　D．铁质

80．搓形的要求是：制品表面光滑，收口处搓得越（　　）越好。

A．小　　B．大　　C．多　　D．少

81．量杯使用后一定要（　　）。

A．收进柜子里　　B．清洗后倒立晾干收放

C．将垃圾倒掉　　D．放置在顺手的地方

82．炸制品的特点是：外酥内（　　）、松发膨胀、香脆、色泽金黄等。

A．软　　B．韧　　C．嫩　　D．松

83．下列属于生物膨松制品的是（　　）。

A．蛋糕　　B．饺子　　C．桃酥　　D．包子

84．生物膨松面坯必须具有保持（　　）的能力。

A．温度　　B．气体　　C．水分　　D．养分

85．含水量少的生物膨松面坯，发酵时需要的时间就会（　　）。

A．长　　B．短　　C．多　　D．少

86．发酵面坯如果发酵时间越长，则（　　）。

A．面坯膨胀性越好　　B．成品色泽暗淡，且有酸味

C．面坯的颜色较白　　D．熟制后成品筋道有劲

87．生物膨松面坯的（　　）程度与馅心的软硬程度，是影响成型的主要因素。

A. 软硬　　B. 温度　　C. 色泽　　D. 发酵大小

88. 烤炉的面火主要用于烤制产品的表面，形成质感和（　　）。

A. 外观　　B. 内质　　C. 色泽　　D. 活力

89. 烤箱温度在（　　）时称为高火，适宜烤制各种烧饼类品种。

A. 140~160℃　　B. 160~180℃

C. 200~220℃　　D. 240~280℃

90. 制作提褶包的主要工艺是：左手托皮，右手用馅尺抹馅心收拢，用（　　）形成圆形包子。

A. 拇指和中指提褶收口　　B. 中指和食指提褶收口

C. 食指和无名指提褶收口　　D. 右手拇指和食指提褶收口

91. 用糯米粉与面粉一起制成的成品特点是：不易变形，增加筋力和韧性，有（　　）。

A. 松酥感和软糯感　　B. 黏润感和软糯感

C. 黏润感和酥脆感　　D. 松酥感和酥脆感

92. 用米粉与杂粮粉一起制作面点，杂粮粉的用量以不超过（　　）为宜。

A. 40%　　B. 60%　　C. 70%　　D. 80%

93. 上屉蒸制时一般应在（　　）再将笼屉置于蒸锅上。

A. 冷水加足后　　B. 温水将开时

C. 水烧沸产生蒸汽后　　D. 开火后

94. 制作八宝饭时，碗内需要抹少许（　　），易于扣出，成型不散不乱。

A. 糖　　B. 油　　C. 香油　　D. 熟猪油

95. 豆类面坯的特征是：无弹性、（　　）、延伸性，只有一定的可塑性。

A. 甜性　　B. 软性　　C. 韧性　　D. 黏性

96. 制作薯类面坯，糖和米粉要趁热加入薯蓉中，随即加入（　　），擦匀折叠即成。

A. 面粉　　B. 蛋液　　C. 饴糖　　D. 油脂

97. 用果蔬类面坯制作咸点时，可加入适量的盐、味精、（　　）。

A. 料酒　　B. 香油　　C. 胡椒粉　　D. 甜面酱

98. 炸制薯类制品，油温在 150~160℃时将生坯入锅稍炸，随后（　　）炸制。

A. 加火　　B. 快火　　C. 离火　　D. 大火

99. 压面机在清洗时，一定要（　　）。

A. 用水冲　　B. 断电

C. 用抹布擦　　D. 用碱水洗

100. 压面机在使用前，（　　）进行安装调整，确定正确牢固时，方可进行运作。

A. 压面辊及各种附件处于断电状态

B. 压面辊及各种附件不用取下来

C. 无须断电即可

D. 压面机擦干净后即可

101. 压面机在使用前必须（　　）。

A. 看说明书

B. 员工自己摸索

C. 培训，熟知使用方法及注意要点

D. 不用专人保管

102. 用干酵母发酵，在 30℃以下不超过（　　）小时，面坯不产酸，不必加碱中和。

A. 5　　B. 4　　C. 3　　D. 1

103. 面点师发现电气设备运转情况异常时应立刻（　　）。

A. 断电　　B. 上报

C. 进行维修　　D. 继续操作

104. 燃气灶燃烧的火焰发红，说明灶具进风量小，应（　　）。

A. 调大风门　　B. 调小风门

C. 关闭风门　　D. 调节风门

105. 和面机使用完毕，应（　　），再进行卫生清理。

A. 放入原料　　B. 不用断电

C. 取出原料　　D. 断开电源

106. 使用炸炉工作完毕后，需将所有旋钮（　　）。

A. 调整　　B. 关闭　　C. 调高　　D. 调低

107. 下列属于正确使用和面机的操作方法是（　　）。

A. 熟悉每一个开关状态　　B. 熟悉操作方法

C. 每天都要清理干净　　D. 以上都是

108. 煮制东西时要保持水面（　　）为佳。

A. 滚腾　　B. 沸腾而不“滚”

C. 不开　　D. 平静

109. （　　）一般是指面粉加水调制的面坯。

A. 膨松面坯　　B. 层酥面坯

C. 米粉面坯　　D. 水调面坯

110. （　　）是用 30℃以下的水与面粉调制而成的面坯。

A. 冰水面坯　　B. 沸水面坯

C. 温水面坯　　D. 冷水面坯

111. 用 70℃以上的热水调制的面坯称为（　　）。

A. 热水面　B. 温水面　C. 五生面　D. 水调面

112. 搓条的基本要求是（　　）。

A. 粗细一致　B. 长短一致

C. 软硬一致　D. 大小一致

113. （　　）又称鸭血糯、红血糯。

A. 广西的血糯　B. 云南的血糯

C. 江苏常熟的血糯　D. 陕西的血糯

114. （　　）适合于无筋力的面坯制皮。

A. 捏皮　B. 按皮　C. 拍皮　D. 擀皮

115. 和面加水量应根据不同的品种、（　　）和不同的面坯而定。

A. 面的软硬　B. 品种的要求

C. 不同的季节　D. 水温

116. 搓可分为（　　）和搓形两种手法。

A. 直搓　B. 反搓　C. 搓条　D. 推搓

117. 加热温度和加热（　　）是面点制作火候的两大关键要素。

A. 先后　B. 快慢　C. 时间　D. 速度

118. 油温是锅中的油经(　　)以后达到的温度，也就是指炸制面点品种时所需要的温度。

A. 热导　B. 加热　C. 导热　D. 加速

119. 7~8 成热的油温一般为（　　）。

A. 100~120℃　B. 120~130℃

C. 130~160℃　D. 200~230℃

120. 制作油炸面点制品时，油的温度不应超过（　　），否则制品容易产生有害物质。

A. 150℃　B. 180℃　C. 200℃　D. 240℃

121. 实验证明，发酵面坯中的酵母菌在（　　）失去活动能力。

A. 0℃以下　B. 15℃以下

C. 30℃左右　D. 60℃以上

122. 发酵面坯中的酵母菌在（　　）就会死亡。

A. 0℃以下　B. 15℃以下

C. 30℃左右　D. 60℃以上

123. 下列对发酵面坯中干酵母用量表述不正确的选项是（　　）。

A. 用量多，发酵力大　B. 用量少，发酵力大

C. 用量适当，发酵力大　D. 超量使用，发酵力减退

124. 烙有（　　）。

A. 干烙　　B. 刷油烙

C. 加水烙　　D. 以上都是

125. 烤的主要特点是：炉温高，制品（　　）均匀，成品色泽鲜明，形象美观。

A. 色泽　　B. 形态　　C. 质地　　D. 受热

126. 粉帚、小簸箕用后要将（　　）抖净，存放在固定处。

A. 淀粉　　B. 面粉　　C. 油　　D. 水

127. 制作提褶包的皮中间应（　　），边缘略薄，直径以 8 厘米为宜。

A. 较薄　　B. 均匀　　C. 凸出　　D. 略厚

128. 制皮就是将剂子制成（　　）的过程。

A. 片　　B. 薄片　　C. 块　　D. 条

129. 面点制作程序为：粉料加调料、和面、（　　）、搓条、下剂、制皮、上馅、成型、熟制装盘。

A. 揉面　　B. 醒面　　C. 摔面　　D. 捣面

130. 大米中涨发性最大的是（　　）。

A. 粳米　　B. 糯米　　C. 香米　　D. 籼米

131. 煎的传热介质是（　　）。

A. 金属　　B. 油和金属

C. 金属和热空气　　D. 油

132. 成熟工艺中（　　）熟制方法能合并使用是复合熟制法与单一熟制法的最大不同点。

A. 多种　　B. 四种　　C. 三种　　D. 两种

133. 温水面坯的水温一般为（　　）。

A. 30℃以下　　B. 50℃左右

C. 60℃左右　　D. 70℃以上

134. （　　）富有可塑性，成品不易走样。

A. 生物膨松面坯　　B. 冷水面坯

C. 温水面坯　　D. 热水面坯

135. 冬季发酵面坯的调制，应该使用（　　）。

A. 凉水　　B. 温水　　C. 沸水　　D. 热水

136. 钳花是运用小型工具整塑（　　）的一种工艺方法，它常与擀、包等手法配合使用。

A. 成品　　B. 半成品　　C. 面坯　　D. 剂子

137. 厨房的烤炉和烤盘要随时清扫，必要时可用（　　）擦匀，以防生锈。

A. 油脂　　B. 水　　C. 抹布　　D. 纸

138.（　　）是炸制工艺中必须注意的问题。

A. 控制炸制时间　　B. 油量

C. 根据品种选择适当油温　　D. 保持油的清洁

单项选择题答案

1. C　2. D　3. A　4. A　5. A　6. A　7. D　8. B
9. D　10. C　11. D　12. A　13. D　14. B　15. D　16. A
17. A　18. C　19. D　20. B　21. D　22. A　23. C　24. A
25. D　26. D　27. B　28. A　29. D　30. C　31. B　32. D
33. B　34. A　35. C　36. A　37. D　38. A　39. C　40. A
41. D　42. C　43. B　44. A　45. D　46. A　47. B　48. D
49. D　50. C　51. B　52. B　53. B　54. C　55. A　56. B
57. D　58. A　59. D　60. D　61. A　62. D　63. D　64. B
65. C　66. B　67. D　68. B　69. B　70. C　71. C　72. B
73. D　74. D　75. B　76. D　77. C　78. A　79. B　80. A
81. B　82. C　83. D　84. B　85. A　86. B　87. A　88. C
89. D　90. D　91. B　92. A　93. C　94. D　95. C　96. D
97. C　98. C　99. B　100. A　101. C　102. D　103. A　104. A
105. D　106. B　107. D　108. B　109. D　110. D　111. A　112. A
113. C　114. A　115. C　116. C　117. C　118. B　119. D　120. D
121. A　122. D　123. B　124. D　125. D　126. B　127. D　128. B
129. A　130. D　131. B　132. A　133. B　134. C　135. B　136. B
137. A　138. D

二、判断题（对的画“✓”，错的画“×”）

1. 水调面坯不可加盐、碱等，否则会影响制品的品质。（　　）
2. 花式蒸饺选用热水面坯来制作。（　　）
3. 冷水面坯静置醒面的目的是使面粉充分吸收水分，进一步混合均匀，使面坯柔软光滑。（　　）
4. 热水面坯烫好后，必须趁热进行制作，否则热气散失，不仅会粘手影响操作，还会使制品表面结皮，显得粗糙，甚至引起开裂，影响制品品质。（　　）
5. 热水面坯要用 100℃以上的热水调制。（　　）
6. 调制面坯时水要一次加足，以免影响面坯的质量。（　　）

7. 揉制热水面坯时案板上可洒些冷水来揉面。（　　）
8. 加水烙是锅与蒸汽联合传热的熟制法，是干烙后焖熟。（　　）
9. 水调面坯可分为冷水面坯、温水面坯、热水面坯 3 大类。（　　）
10. 冷水面坯在调制时可加入少量盐，以增加面筋的强度和弹性。（　　）
11. 抻面、春卷皮要求面坯调制更均匀，因此揉后还要摔面、搋面。（　　）
12. 天气热，空气湿度小，加水量要多一些。（　　）
13. 面坯在醒发时间必须达到 45 分钟以上才能达到效果。（　　）
14. 调制温水面坯时不可将面坯摊开或切开，以防止热气散尽。（　　）
15. 烧卖坯皮的制作使用的是温水面坯。（　　）
16. 水调面坯的调制主要依靠淀粉和蛋白质的性质。（　　）
17. 水调面坯的加水量主要依据成品需要而定，从大多数品种看，水和面粉的比例约为 2 ∶ 1。（　　）
18. 冷水调制的面坯是利用蛋白质的亲水性，经过揉搓，使面坯形成致密的面筋网络。（　　）
19. 调制温水面坯时，水温应控制在 50℃左右。（　　）
20. 冷水面坯色白、有弹性和韧性，同时可塑性较强，制品便于包捏，不易走形，适用于制作各式花色饺子和饼类。（　　）
21. 热水面坯具有黏、柔、糯、略带甜味、没有筋力、可塑性好的特点。（　　）
22. 蛋白质在常温条件下不会发生热变性，吸水率高，水温在 30℃时，蛋白质能结合水分 150% 左右。（　　）
23. 饭皮面坯一般指用米和水混合，蒸制成饭，再搅拌搓擦成具有黏性、可塑性和一定韧性的饭坯。（　　）
24. 水调面坯调制一般经过配料、下粉、加水、拌和、揉面、醒面等几个过程。（　　）
25. 冷水面坯韧性强、质地坚实、延伸性强、成品色白、滑爽而有筋力。（　　）
26. 蛋白质在 60~70℃时开始热变性，面坯的延伸性、弹性、韧性都逐步减退，只有黏度增加。（　　）
27. 蒸饺、虾饺、烧卖等适合用热水面坯来制作。（　　）
28. 刀削面要求硬实，面粉与水的比例为 1 ∶（0.3~0.35）。（　　）
29. 水调面坯是指在面粉中加入适量的水，有些加入少量辅料如盐、碱等调制而成的面坯。（　　）
30. 温水面坯的筋力、韧性等都介于冷水面坯和热水面坯之间。（　　）
31. 蒸汽蒸煮灶是目前厨房中广泛使用的一种加热设备，一般分为蒸锅和蒸箱。（　　）
32. 在烤制工艺中，当要求成品表面色白时，一般用面火大、底火稍小的方式。（　　）

33. 刷油烙制品不但色泽美观，而且皮面香脆，内部风味独特。（　　）
34. 大理石案板比木质案板平整光滑。（　　）
35. 绝大部分精细面点在调制面坯前都应将粉料过罗，以确保产品质量。（　　）
36. 粉帚主要用于案上粉料的清扫。（　　）
37. 面点制作中的成型工具很多，常用的有刀、面刮板。（　　）
38. 铲子主要用于翻动煎、烙点心。（　　）
39. 干烙时，凡面坯较厚或包馅的品种，成熟时火要稍低，否则会因火力大而使成品外焦内生。（　　）
40. 蒸锅内水量要适当。水量少，产生的蒸汽不足；水太满，沸腾时会外溢。这两种情况都会影响产品质量。（　　）
41. 烘烤中对流传热作用最大。（　　）
42. 易燃物体一定要储存在远离明火处。（　　）
43. 烤箱内接触到含氧量高于或者等于 16% 的空气，是烤箱着火不可缺少的条件。（　　）
44. 蒸箱是利用蒸汽传导热能，将面点生坯蒸熟的一种设备。（　　）
45. 使用电蒸箱蒸制面点制品，首先应将蒸箱内的水加足，一般以六分满为宜。（　　）
46. 捏就是将包入或不包入馅心的面坯，经双手的指法技巧，按照设计的品种质感要求，进行造型。（　　）
47. 打蛋器是物理膨松法必备的设备。（　　）
48. 用和面机和面，500 克面粉只能加入 100~125 克水。（　　）
49. 和面机有两种类型，立式和面机与卧式和面机。（　　）
50. 立式和面机运行平稳，操作安全，搅拌时作用力均匀，和面均匀。（　　）
51. 卧式和面机一次和面数量不多，且时间较长。（　　）
52. 绞肉机可以绞制蔬菜、豆类。（　　）
53. 电灶的灶体必须是金属箱体。（　　）
54. 橄榄杖可以用于油酥面坯的擀制。（　　）
55. 印模可以用来制作各式月饼及糕团品种，此工具一般整套使用。（　　）
56. 清洁工具有面刮板、粉帚、打蛋帚。（　　）
57. 按是用手掌根将面剂按扁，使面剂符合成品的质感要求。（　　）
58. 小型磅秤和盘秤的用途相同。（　　）
59. 米粉面坯是指用米粉和油混合调制的面坯。（　　）
60. 一般压面机与和面机要分开使用。（　　）
61. 制作馒头、面包等的发酵面坯不能使用压面机，否则会破坏面坯的面筋质。（　　）
62. 搅拌头、面桶可以自由拆卸，且面桶由不锈钢制成，既美观，清洗也方便。（　　）

63. 制作饭皮面坯，搓擦时手应当适当沾些凉水。（ ）
64. 压面机可以加工各种粗细、宽窄不同的面条。（ ）
65. 煤气灶燃烧稳定好，一些宾馆、饭店、酒楼普遍使用。（ ）
66. “捏”的技法要求是：既要捏紧、包严、粘牢，又要防止用力过大，把馅心挤破。（ ）
67. 用糯米粉与粳米粉混合制成的成品具有酥松、香甜的特点。（ ）
68. 烤箱结束烘烤后，立即关掉电源，避免空烤，造成烤箱使用寿命折损。（ ）
69. 烤箱高温运转时，应尽可能避免打开，如果打开，会有高温空气喷出的危险。（ ）
70. 木质案板比大理石案板好，更适宜面点操作。（ ）
71. 橄榄杖主要用于擀饺子皮和烧卖皮。（ ）
72. 套模常用于制作酥皮类面点及小饼干等。（ ）
73. 搓分为搓条和搓圆两种手法。（ ）
74. 单卷法是将薄面片抹上油或馅，从一头卷向另一头，成为圆筒。（ ）
75. 莜麦可制成麦片，磨粉后可制作多种主食小吃。（ ）
76. 清洗案板时，案板上的面粉应过罗后收回到面桶里。（ ）
77. 制皮是将剂子擀成皮的过程。（ ）
78. 煮饺子时，应用平铲推动水面，以免饺子生坯粘锅底。（ ）
79. 由于普通面粉加工精度较粗，因而所含营养素较齐全。（ ）
80. 韧性差、松而不硬、不易吸水变软是玉米面的特点。（ ）
81. 印模是用于制作成品、半成品外形的一种工具。（ ）
82. 水调面坯根据水温不同，一般可分为冰水面坯、冷水面坯、温水面坯 3 种。（ ）
83. 烤可分为明火烤和电热烘烤两种。（ ）
84. 煮东西时要保持水面“沸而不滚”。（ ）
85. 衣、帽、鞋不干净，是厨师错误着装的做法。（ ）
86. 黑米属稻类中的一种特质米。（ ）
87. 卷可分为单卷法和双卷法。（ ）
88. 成型工艺中，擀的特点是面剂大小固定、面皮薄厚固定、形态相同。（ ）
89. 以上下或左右两个模具为一套的模具叫盆模。（ ）
90. 大面杖长 60~80 厘米，主要用于擀面条、馄饨皮等。（ ）
91. 醒面可以使面坯中未吸收水分的颗粒进一步充分吸水，更好地生成面筋网络。（ ）
92. 温水面坯既有冷水面的韧性、弹性，又具有热水面的黏性、柔软性。（ ）
93. 烙主要适用于各种饼类品种的制作。（ ）
94. 热水面坯适合制作水饺皮。（ ）
95. 清洗案板时，应直接用水冲洗。（ ）

96. 套模成型时，面坯可大可小，套筒使用时可随意。（　　）
97. 煮是将成型的生坯投入水锅中，利用水受热后产生的温度使生坯成熟的熟制工艺。（　　）
98. 擀要求成品的规格一致，形态美观整齐。（　　）
99. 烙制成熟的热量直接来自温度较高的锅底。（　　）
100. 稻米由皮层、糊粉层、胚、胚乳 4 部分组成。（　　）
101. 玉米面发糕面坯一定要发透，以稍软为佳。（　　）
102. 粥的风味特点是汤汁浓稠，易于消化。（　　）
103. 包就是将各种荤素的馅料，通过操作与坯料合为一体，成为半成品。（　　）
104. 莜麦面坯有一定的可塑性，但弹性和延伸性差。（　　）
105. 烤芝麻烧饼时，炉温不可过低，否则烤制太久，饼会发干。（　　）
106. 冷水面坯的特点是黏性大、韧性差，成品口感软糯、色泽较暗。（　　）
107. 高粱面除可单独制作面食外，还可与其他粉混合制作面食，如煮面鱼。（　　）
108. 热水面坯的特点是色泽洁白、爽滑筋道，有弹性、韧性和延伸性。（　　）
109. 陕西洋县黑米是世界闻名的名贵稻米品种。（　　）
110. 进行厨房安全生产和卫生的岗位教育，可提高操作者的综合素质。（　　）
111. 甘薯既能制作主食，还能与其他粉料一起制作点心，又能做菜。（　　）
112. 用沸水调制的面坯又称烫面。（　　）
113. 一般烙薄的面坯要求火力小。（　　）
114. 烤制品的特点是成品一般表面呈金黄色，质地疏松富有弹性，口感香酥可口。（　　）
115. 调制膨松类面坯时，要用手掌将窝内的辅料混合均匀，再拨入面粉和成面坯。（　　）
116. 煮制工艺中，煮锅内的水要尽量少，以节约用水。（　　）
117. 模具是利用各种特制形态的模型，使坯料形成图貌美观的成品或半成品的工艺方法。（　　）
118. 煮粥时，煮开锅后要改用中火继续煮至汤汁浓稠。（　　）
119. 稻米按米粒内含淀粉的性质不同可分为籼米、粳米和糯米。（　　）
120. 上屉蒸制前，一般把水加足然后加热即可。（　　）
121. 揉发酵面时，要非常用劲，反复不停地揉。（　　）
122. 揉面时为了便于用劲，要用身体的腹部顶住案台。（　　）
123. 连续煮制时，要注意适时加水、换水。（　　）
124. 印章是刻有图案或文字的木戳，用来印制点心表面的花纹图案。（　　）

125. 绞肉机有手动和电动两种。（　　）
126. 温水面坯具有色泽洁白、韧性强的特点。（　　）
127. 烤制含糖多、成品口感要求酥脆、体积较大的面点品种时，炉温应该高一些。（　　）
128. 松质糕的特性为多孔，有弹性、韧性，可塑性强，口感松软，成品大多有甜味。（　　）
129. 米粉类面坯有一定的韧性和可塑性，可包多种馅心，吃口润滑、黏糯。（　　）
130. 加水烙在洒水前的做法与干烙完全一样。（　　）
131. 用糯米粉与面粉掺和的方法制成的成品易变形。（　　）
132. 用糯米与粳米掺和的方法制成的成品具有酥松、香甜的特点。（　　）
133. 用糯米粉与杂粮混合制成的成品，具有杂粮的天然色泽和香味，且口感软糯适口。（　　）
134. 制作八宝饭的工艺流程为：泡米→蒸米→成熟→成型。（　　）
135. 八宝饭的风味特点是清香甜糯、美观大方。（　　）
136. 蒸制时要将生坯按一定间距整齐摆入屉内。（　　）
137. 芝麻凉卷的风味特点是软绵香甜，为冬春季点心。（　　）
138. 烤箱内上下左右的温度对成品质量没有太大影响。（　　）
139. 豆类面坯无延伸性。（　　）
140. 制作豆类面坯，如果水加得多，面坯太软且粘手，会影响成型工艺。（　　）
141. 赤豆以粒大皮薄、红紫有光、豆脐上无白纹者品质最佳。（　　）
142. 干烙时，每烙完一锅都要将平锅擦净，再烙下一锅，否则会影响成品质量。（　　）
143. 豌豆黄的风味特点是豆味浓郁、香甜适口，是夏季食品。（　　）
144. 擀皮时左右手配合一定要协调。（　　）
145. 小米除了熬粥外，还能制作许多种点心。（　　）
146. 使用面点加工设备前应对机器的电气和机械部分进行检查。（　　）
147. 酵母发酵的理想温度是 15~20℃。（　　）

判断题答案

1. ×　2. ×　3. √　4. ×　5. ×　6. ×　7. √　8. √
9. √　10. √　11. √　12. ×　13. ×　14. ×　15. ×　16. √
17. ×　18. ×　19. √　20. ×　21. √　22. √　23. √　24. √
25. √　26. √　27 √　28. √　29. √　30. √　31. √　32. ×
33. ×　34. √　35. √　36. √　37. √　38. √　39. √　40. √
41. ×　42. √　43. √　44. √　45. √　46. ×　47. √　48. ×
49. √　50. √　51. ×　52. √　53. √　54. ×　55. √　56. ×
57. √　58. √　59. ×　60. ×　61. ×　62. √　63. √　64. √

65. √ 66. √ 67. × 68. √ 69. √ 70. × 71. √ 72. √
73. × 74. √ 75. √ 76. √ 77. × 78. √ 79. √ 80. √
81. × 82. × 83. √ 84. √ 85. √ 86. √ 87. √ 88. ×
89. × 90. × 91. √ 92. × 93. √ 94. × 95. × 96. ×
97. √ 98. √ 99. √ 100. √ 101. √ 102. √ 103. × 104. √
105. √ 106. × 107. √ 108. × 109. √ 110. √ 111. √ 112. √
113. × 114. √ 115. √ 116. × 117. √ 118. × 119. √ 120. ×
121. × 122. × 123. √ 124. √ 125. √ 126. × 127. × 128. ×
129. √ 130. √ 131. × 132. × 133. √ 134. × 135. √ 136. √
137. √ 138. × 139. √ 140. √ 141. √ 142. √ 143. √ 144. √
145. √ 146. √ 147. ×

参考文献

[1] 钟志惠．面点制作工艺[M]．2版．南京：东南大学出版社，2012.

[2] 中国就业培训技术指导中心．中式面点师（初级）[M]．2版．北京：中国劳动社会保障出版社，2017.

[3] 李文卿．面点工艺学[M]．北京：高等教育出版社，2003.

[4] 王镇．淮扬风味面点[M]．南京：江苏科学技术出版社，1998.

[5] 秀川．丰富多彩的中国面点[J]．食品与生活，2005（6）：44-45.

[6] 韦春林．让面点制作成为艺术创作[J]．轻工科技，2009，25（6）：3-4.

[7] 朱在勤．苏式面点制作工艺[M]．北京：中国轻工业出版社，2012.

[8] 中国烹饪协会．注册中国烹饪大师名师培训教程[M]．北京：中国轻工业出版社，2017.

[9] 王美．中式面点工艺与实训[M]．北京：中国轻工业出版社，2017.

[10] 人力资源和社会保障部职业技能鉴定中心．中式面点师（初级）国家职业技能鉴定考核指导[M]．东营：中国石油大学出版社，2014.

[11] 独角仙．中式点心制作基础教程[M]．北京：中国轻工业出版社，2017.

[12] 杨存根．中式面点制作[M]．北京：北京师范大学出版社，2011.

[13] 谢定源，周三保．中国名点[M]．北京：中国轻工业出版社，2000.